追夢

张忠涛盆景艺术

ZHUIMENG

ZHANGZHONGTAO PENJING YISHU

张忠涛　编著

中国林业出版社

作者简介

张忠涛 1976年2月生，山东枣庄峄城区人。中国风景园林学会花卉盆景赏石分会理事，中国花卉协会盆景分会常务理事。

自幼受父亲影响，喜欢上盆景。后师从中国盆景艺术大师梁玉庆先生，专事盆景创作与经营。1997年，创办了枣庄峄城区万景园，2010年成立了峄城区万景园苗木盆景专业合作社。

二十多年来专心摸索与研究，在石榴盆景的造型养护方面积累了丰富的经验。其作品形式多样，注重艺术表现，兼顾了整体造型与花果的观赏。先后在国家级盆景大展中荣获金奖8枚，银奖20余枚，并多次为枣庄技术学院等院校学生授课。2009年，被枣庄市林业局、枣庄市花卉协会授予首批“枣庄市盆景大师”称号。

图书在版编目（CIP）数据

追梦：张忠涛盆景艺术 / 张忠涛编著. -- 北京：
中国林业出版社, 2017.8

ISBN 978-7-5038-9212-7

Ⅰ. ①追… Ⅱ. ①张… Ⅲ. ①盆景－观赏园艺 Ⅳ. ①S688.1

中国版本图书馆CIP数据核字(2017)第180582号

策划编辑： 何增明　张　华
责任编辑： 张　华
出版发行： 中国林业出版社（100009 北京西城区刘海胡同7号）
电　　话： 010-83143566
印　　刷： 北京卡乐富印刷有限公司
版　　次： 2017年9月第1版
印　　次： 2017年9月第1次印刷
开　　本： 210mm × 285mm
印　　张： 12
字　　数： 521千字
定　　价： 188.00元

雨后榴园（摄影：洪晓东）

老树新花（摄影：魏晓培）

序一

张忠涛先生受家庭的熏陶自幼就酷爱盆景。1997年毅然决然辞去公职，创办了枣庄峄城区万景园，专门从事盆景的创作和生产。通过二十多年不懈的努力，张忠涛先生的石榴盆景在中国盆景界已享有盛名。

他的石榴盆景不仅苍劲古雅且繁花似锦、硕果累累，他把石榴的风韵在盆中展现得淋漓尽致。因此，从2008年第七届中国盆景展始，连续三届全国盆景大展他的作品都荣获金奖。其中《汉唐风韵》于2013年在世界盆景友好联盟大会上获得“中华瑰宝奖”。此外，省市级以及全国盆景精品邀请展上他的盆景作品所获奖牌更是不计其数。观赏张忠涛的石榴盆景既给人以美的享受，又能发人深思，催人奋进。有一次全国盆景展时我看到一群老年观众围着张忠涛的石榴盆景细细品赏久久不愿离去，似乎从这枯木虬枝还锦果满树的盆景中获得了深刻的启示。

我在上海植物园花卉盆景研究室工作时，曾创作培育过石榴盆景。我深知石榴盆景创作和培育的技术难度。现张忠涛先生将其长期积累的宝贵经验整理成文并公开出版。内容包括石榴盆景的品种选择、制作、养护和保果技术等。这些内容既可靠有效又切合实际，深信广大读者一定可以从中吸取许多有益的营养，从而促进我国盆景技艺的蓬勃发展。

衷心祝愿张忠涛先生百尺竿头更进一步，创作出更多更优秀的盆景作品！

胡运骅

2017 年 3 月

《风声十里》（五针松）作者：赵庆泉

千年古檀（来源：峄城旅游局）

《清秋》（老鸦柿）作者：赵庆泉

序二

我与张忠涛先生谋面并不多，但对其石榴盆景却十分熟悉。在以往很多盆景展评中总能看到他的作品一次又一次地获得重要奖项，因此印象深刻。日前接梁玉庆大师来电，谈及其高足张忠涛先生的盆景新著《追梦》即将问世，并嘱我为之作序。我想一位颇有造诣的盆景人将其多年的盆景栽培与创作经验总结出来，与大家分享，无疑是一件可喜可贺之事，故此写点文字，向盆景爱好者推介。

石榴是中国盆景的传统树种之一，观赏特色鲜明，栽培历史悠久。石榴盆景按照其观赏重点，通常被纳入观果类。而观果类盆景由于其特殊的栽培管理要求，往往有重果轻姿、艺术性欠佳的现象，更加之商业化的生产，致使理想的作品较为鲜见。其实石榴盆景除了观果以外，根、干、枝、叶、花以及整体姿态都具有很高的观赏价值，其艺术表现力不逊于其他的盆景树种。

张忠涛先生在石榴盆景的培植方面积累了丰富的实践经验，奠定了创作的技术基础。其作品形式丰富多样，注重艺术表现，兼顾了观赏果实与整体造型，给人以耳目一新的感觉。一些代表作，如《危崖竞秀》《汉唐丰韵》《天宫榴韵》等，既有累累硕果，又具老干虬枝；既可观其美态，又能发人遐思。相信这些作品定会在中国果树盆景的发展历程中留下一笔。

《追梦》一书的重点就是石榴盆景。其中包括石榴盆景的观赏特色、历史发展、品种介绍、培育管理、制作技艺以及作者本人的盆景作品。这是迄今为止我所见到的一本最为全面的石榴盆景专著。其中的很多经验之谈，特别是关于制作与管理的部分，颇有实用价值，相信会给广大盆景爱好者带来启发与帮助。

期待张忠涛先生在盆景艺术上不断开拓精进，创作出更多、更美的作品。

2017 年 3 月

序二

这次约上先觉兄一同为《追梦》作序，出于两点考虑：一是他文采好，很专业，出手快，我可以偷点懒。二是他比我更熟悉忠涛老师。这样，写出的东西会更贴切一些，免得出岔子，也对得起作者，对得起朋友，对得起读者，于心可安。

忠涛老师是一位带有“布衣”传奇色彩的青年盆景艺术家。他是一个农民的孩子，因家境所限，从小学就跟随父亲一起打理石榴果园，没有机会进入园林或艺术门类的高等学府深造，读的是职业学校，学的是电工专业。就是这样的一个他，靠着后天的执着和先天的聪慧，32岁时，就在2008年的第七届中国盆景展览会上获得了他人生的第一个国家级金奖。之后的8年间，又在第八届、第九届中国盆景的“奥运会”上接连摘得桂冠，一时引起轰动并传为佳话，也成就了他作为中国盆景年轻一代领军人物的地位。如今，42岁的他，又将多年积累的经验和体会系统整理成石榴盆景专著《追梦》一书，由林业出版社出版发行，实现了他盆景艺术生涯的又一次升华。

就是这样一个为了自己的爱好和理想任劳任怨、埋头苦干30多年的石榴盆景人张忠涛，现在已是口碑载道了。面对这样一位年轻人，可喜可贺之余，更多的则是我们对他的肃然起敬。

果树盆景在盆景的分类中属于观花与观果一类，果树盆景不仅需要作者掌握盆景艺术的所有栽培技术和造型知识，而且还要在果树的栽培上握有更多独门绝技。多年来，忠涛老师在摸索石榴的栽培上可谓专心致志、措置裕如，用尽了心思。他从不懂到懂，从懂到精，在国内园林盆景界，只要提起石榴盆景，几乎和张忠涛齐名同呼。我们在想，一个读书并不多的农民孩子，为什么从初窥门径的面涩青年成为了享誉中国盆景界的枣庄

石榴盆景第一大户，成为中国石榴盆景第一人，这不正是中国千百年来老祖宗传下来的大国工匠精神成长之路的真实写照吗？

忠涛老师常年在果树特别是石榴栽培的学习和研究中摸爬滚打，积累了丰富的经验，他对自己的石榴主园万景园中的20多个石榴品种从繁殖、扦插、嫁接、移植、施肥、修剪、植保到控制生理落果、坐果全过程，都已然是驾轻就熟，就连园林科班的专家也是竖指称赞。

去过万景园的朋友都知道，那里是春有花，鲜艳夺目；夏有景，碧树成荫；秋有果，晶莹剔透；冬有韵，骨感寒枝，擦、倚、摇曳。真是一年四季可观可赏，难怪先辈们将石榴列录为盆景植物十八学士。

在栽培养植石榴的同时，忠涛老师的成功也让他得到了商机，他不仅靠养植石榴使自己家人过上了富足的生活，而且在石榴盆栽通向石榴盆景艺术的道路上取得突破并站在了制高点上。此外，忠涛老师还为枣庄技术院校讲授石榴栽培课，帮扶大家致富，更是难能可贵。最近还走上了花卉盆景赏石分会的盆景培训班讲堂，为全国盆景爱好者传经送宝。可见，忠涛老师在中国盆景界的影响力和所发挥的作用正在不断扩大。

马克思说：“在科学的道路上没有平坦的大道，只有不畏艰险、沿着陡峭山路向上攀登的人，才有希望到达光辉的顶点”。忠涛老师今年才42岁，前程似锦，当然还会遇到很多困难。期待他在盆景艺术领域的科学之路上继续攀登并达到光辉的顶点。

我们将忠涛老师和他的处女之作《追梦》推荐给朋友们和广大读者。相信大家会喜欢他，喜欢他的盆景，喜欢他的书。预祝忠涛老师百尺竿头更进一步，在自己心爱的石榴天地里努力作为，有更多的盆景佳作和更多的盆景专著奉献给大家。

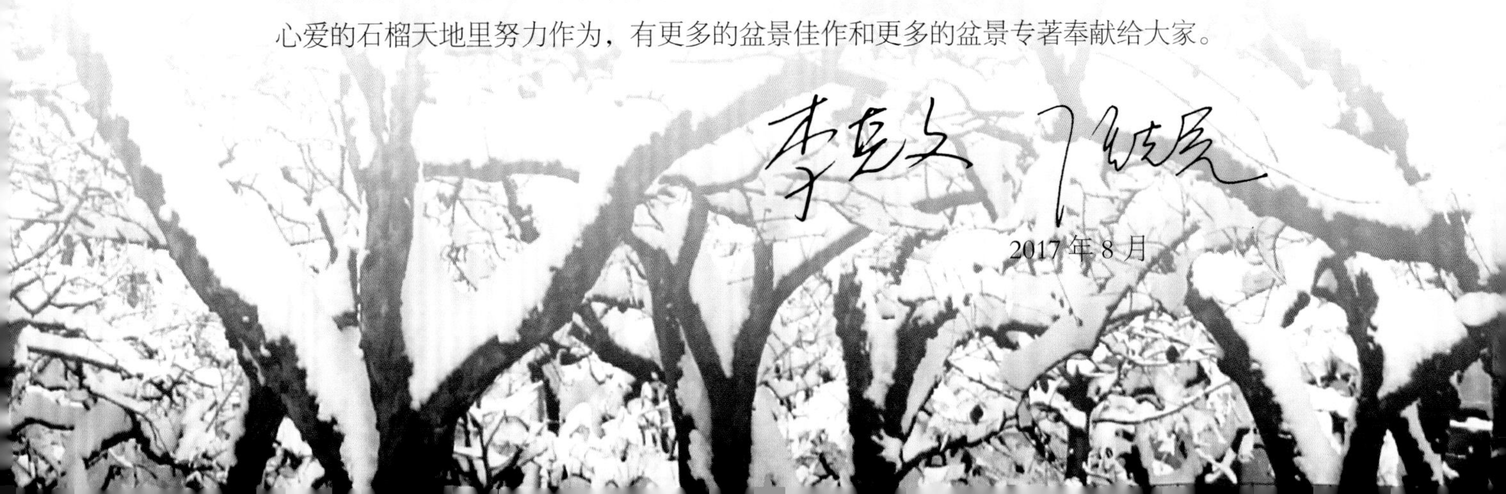

2017年8月

孔庙古柏

《天上人间》作者：梁玉庆

《儒风雅韵》作者：梁玉庆

左起：张忠涛、王宝林、王宪、梁玉庆、吕传营、王建峰

序四

石榴树是人们喜闻乐见的树种，它观花观果，喜庆吉祥。用它制作成盆景，更是别有姿韵。在全国盆景展览中，张忠涛的石榴盆景独树一帜，特别引人注目，成为盆景展览中的一大亮点。他送展的石榴盆景多次在全国盆景展中获得大奖，连续三届荣获金奖。这与他对石榴盆景的执着追求和挚爱是分不开的。

忠涛潜心学习研究栽培制作石榴盆景多年，他从一个玩石榴树的，使石榴从种植到成活开花结果的初级阶段上升为艺术的阶段。这期间除他的天赋和努力外，与多学、多问、多实践是分不开的。他在我国石榴盆景艺术诸方面作出了一定的贡献。

忠涛几年来就酝酿着出一本有关石榴盆景艺术方面的书，但由于条件尚不成熟，准备工作不足，迟迟未能如愿。时下得悉忠涛《追梦》一书即将出版，谨为忠涛致贺。该书图文兼顾，花果交融，给人以喜庆之感。从不同的角度介绍了石榴盆景的概况、发展历程、人文景观，着重就石榴盆景的制作与管理结合自己的创作体会加以用墨，给初学者以启迪，给同行们以交流。从欣赏的角度选入了历届获得的金奖作品，并将自己的200余幅习作一并收入，以求得到斧正。

值该书即将出版喜庆之余，翁者仅片言只语，希冀于忠涛将取得的阶段性成绩，当作《追梦》路上的新起点，自信而而不自满，继续保持良好的学习心态，更加激发学习的热情，一步一个脚印，始终如一，永远孜孜以求，铸造出盆景界一个德才双馨的形象。

期盼忠涛在石榴盆景艺术研究探讨中，充分发挥自己的聪明才智，努力开拓其深度和广度，见树见林，见骨见肉，创造出更多更好更精的作品来。

也期望忠涛除将习作日臻完善外，在其他类盆景制作中光彩四射，取得好成绩。

梁玉庆

2017 年 4 月

序五

西汉丞相匡衡“凿壁偷光”苦读的事迹人人皆知。而就在他的故乡枣庄市峄城区，有一位盆景界传奇人物——张忠涛。

张忠涛，男，1976年生，枣庄市峄城区人。自幼受父亲的影响，喜欢盆景，后师从中国盆景艺术大师梁玉庆先生，专事盆景创作与经营。

中国盆景源远流长，其表现形式多种多样。如松柏类、杂木类、树石类、花果类、异型类等。忠涛的盆景以花果类盆景为主，尤以石榴盆景见长，其他品种兼而有之。忠涛自幼生在农村，长在榴园，家乡自古就有喜欢石榴、栽植石榴的习惯。举世瞩目的“冠世榴园”就在其中，他的家乡街头巷尾，家家户户，房前屋后，石榴树无处不见。每当春雷响起，数以万计的石榴萌发出胭红的嫩芽，微风吹来，飘洒着阵阵清香；初夏万亩榴花绚丽多彩，火一般竞相开放，红透了山野，醉透了村庄；秋天来临，满树五彩缤纷，姹紫嫣红，琳琅剔透的果实压弯了枝头，给人带来吉祥幸福的丰收景象；入冬后五颜六色的榴叶交相呼应，层林尽染……大自然的造化与淳朴的乡村民俗，培养造就了张先生吃苦耐劳、执着进取的性格，这块炽热的土地也必定成全他生根、开花、结果。张忠涛父亲是一名企业花工，受父亲的影响，他幼年便喜欢上了花草盆景，后参加了工作，干了半年，“总觉得不是自己想做的工作。人应该干点自己喜欢的事和工作，自己喜欢即便再苦再累都会努力去做。”就这样，他不顾父亲和家人的反对，毅然决然地辞去了工作，搞起了盆景园，起名“万景园”。

建园初期，由于年轻，又缺少资金，各种困难迭至而来。他克服种种困难，怀揣盆景之梦，在盆景天地里徘徊徜徉。时常孑然一身，骑着摩托车，带着干粮，风风火火行驶在周边市县山区平原，走村串户，购买桩材，最远时一天骑行200多公里，有时几天都不回家。他饿了吃口干粮充饥，晚上寄宿他乡。为以园养园，他还干起了绿化工程。他诚实守信，边学变干，少挣钱也得把活干好，就图个本分厚道的名声。为了充实园子，他又花了400元钱买了十车不被同行看好的石榴树栽在园子里。把修剪下来的粗枝进行扦插，结果成活了几千多棵。他把这些插活的石榴栽植到园子里，既充实了园子，又使它们慢慢成材。之后他不再搞绿化工程，专心打理着自己的盆景园，把好的桩坯定向培养，打造成一盆盆石榴盆景。他本着先学习后交流的态度，在省市组织的盆景展览中也时常见到他的身影，也获得不少奖项。

时间推移到2004年，忠涛迎来了他盆景历史的转折点。那年他有机会参加了在福建泉州举办的第六届中国盆景展，他送展的三盆石榴盆景吸引着不少观众，受到专家评委的好评，一举获得一枚银奖和一枚铜奖。尽管没有获得金奖，一个年轻人初次出道，而在全国级大赛中能获得两枚奖牌，实属不易。至此，忠涛与他的石榴盆景慢慢被人所认识。那次展览对他触动很大，两枚奖牌对他是一个极大的激励与鼓舞，成了他不断前进的精神支柱和动力。他暗自下决心一定把盆景做好，向着最高目标去努力。

泉州展使忠涛开拓了视野，他深知要想提高盆景制作水平，关键在于学习，持之以恒，不懈努力。那次展览也使他认识了盆景界的不少专家朋友，他在家庭经济十分拮据的情况下，节衣缩食，创造条件到全国各地拜师学艺，还多次出国考察学习，受益匪浅。

忠涛在不断借鉴学习他人经验的同时，也不时地挑战自己，从实践中、在失败里找差距。他立足本地资源，不搞多而杂，不贪大求洋，甘当小学生，一步一个脚印，脚踏实地地前行。他不落窠臼，从不自诩。在盆景创作过程中，他注重年功，不急功近利，一改当地石榴盆景“大盘头”速成栽培商品化的格局，向着盆景艺术化迈进。

二十多年的摸索与探讨，他认真总结出石榴盆景从选桩、移栽、施肥、浇水、光照、疏花疏蕾、人工授粉、疏枝修剪、枯枝枯干的雕琢、树皮的修饰等周期管理栽培经验，大大提高了石榴盆景的观赏水平和经济价值。

近年来在制作石榴盆景的同时，忠涛对其他类盆景也有涉猎，尝试着进行制作，其作品也受到专家的好评与认可。

忠涛有一个幸福美满的家庭，一双可爱的儿女。天真可爱的女儿10岁时，在《我眼中的父亲》一文这样写到：“父亲敬业。或许，你不相信父亲不知道自己女儿的年龄，但是，我的父亲真的不知道我与弟弟的年龄，连年级、班级也丝毫不知，父亲是盆景艺术家，他很爱盆景，甚至达到痴迷的程度，每天天一亮，父亲就走进园子，拿起工具，对着一盆盆盆景展开设计制作，他沉浸在这种快乐之中，把每一盆盆景都设计成精美的艺术品。无论严寒酷暑，无论刮风下雨，他总是在盆景面前不停地工作着。从早上五六点到晚上六七点，父亲坐在那里有时连饭都顾不上吃……不知不觉我的眼角湿润了。”

“在科学的道路上没有平坦的大道，只有不畏艰险、沿着陡峭山路向上攀登的人，才有希望达到光辉的顶点”。天道酬勤，功夫不负有心人，继2004年第六届中国盆景展之后，忠涛第七届中国盆景展送展的石榴盆景《峥嵘岁月》、第八届中国盆景展送展的石榴盆景《汉唐风韵》、第九届中国盆景展送展的《天宫榴韵》连续三届荣获金奖。此外，五次荣获国家级盆景展金奖及世界友好联盟展中华瑰宝奖，其他奖项无数。他在盆景事业中取得的成就曾被中央电视台第七套节目、山东电视台访谈节目专访、枣庄电台《能人传经》栏目播出，多次受聘于枣庄技术学院等院校授课。在网络迅速发展的今天，只要输入“张忠涛石榴”立即就可欣赏到他的石榴盆景与有关介绍。

忠涛诚实守信，他的石榴及其他盆景分别销往全国各地，走进千家万户、楼堂馆所，每年都将给他创造出可观的经济效益。忠涛从十九岁开始做盆景，从无到有，从小到大，不断发展，不断积累，到现在已拥有30亩面积、3000多盆盆景、三四十个品种的盆景园，真是难得可贵。

我与忠涛认识多年，亲眼看到他的成长与成功。获悉他将其二十多年的花果盆景栽培管理与创作经验撰写成书，名为《追梦》，十分高兴。该书图文并茂，文字朴实，通俗易懂。他从自己创作的大量作品中选拔整理出200余张精美作品照片编辑其中，并配以文字介绍，从中折射出他的盆景春秋。该书的出版发行，是盆景界一大喜事，为广大盆景爱好者、读者提供一部值得学习借鉴的参考书。“授之以鱼，不如授之以渔”，这也是忠涛的本意所在吧！相信此书的出版对花果类盆景艺术提高有着很大的指导意义。《追梦》一书即将问世之际，谨写感言，以表祝贺。忠涛用绽放的青春抒写着美好的诗篇，相信他在追梦的路上，乐此不疲，勇往直前，百尺竿头更进一步。

中国风景园林学会花卉盆景赏石分会理事
山东省盆景艺术家
王宝林
2017年4月

前言

斗转星移，光阴荏苒，不知不觉从事盆景已经二十多年。回顾走过的路程，勾起我难以忘怀的记忆。往日情景历历在目，浮现在眼前，心情久久不能平静。这其中有迷茫，有苦衷，更有喜悦。我自幼生于农村，长在榴园，这里的一草一木都非常熟悉，沉浸其中，有着难以割舍的情愫。我父亲最开始是在当地一民营企业做花工，因喜欢花草盆景，家里也逐渐养起了不少花卉盆景。受父亲的影响，耳濡目染，少不更事的我，学暇之余也帮着父亲锄锄草、浇浇水等。当时只觉得好看好玩，对一些内在的东西只有着朦朦胧胧的感觉。随着时间的推移，我也慢慢喜欢上了盆景。当时我虽有一份不错的工作，但总觉的不是自己想要的生活。人应该干自己喜欢的工作。有喜欢才有动力，才会努力去实践。就这样我于1997年辞去工作，搞起了盆景。我喜欢花果类盆景，但更侧重于石榴。春天虽美好，但我更喜欢秋日。唐代诗人刘禹锡《秋词》："自古逢秋悲寂寥，我言秋日胜春朝。晴空一鹤排云上，便引诗情到碧霄。"以激情向上的思想感情，热情赞颂秋天的美好。我喜欢石榴，因为它在春日蕴育，夏日成长，秋日收获，我正是选择了收获……

20世纪90年代初，改革开放的强劲东风，将榴园吹得榴花似火，当时经营石榴盆景生意的人异军突起。但由于传统的"大盘头"技法，加之经济效益的驱使，当时的石榴盆景艺术含量不高。我时常在想，如何将石榴做成真正意义上的盆景，使之型美果佳，这一直是个梦在我心中萦绕，挥之不去。自师从中国盆景艺术大师梁玉庆先生后，在恩师的栽培提携下，才真正走向盆景艺术之路。自2004年以来连续参与国家级大展7次，先后荣获金奖8枚，银奖二十余枚，受到业界专家师友的认可与好评。这些成绩的取得，使我兴奋不已，并极受鼓励，也将永远鞭策我在盆景追梦的路上更好前行。

经过多年学习与实践，我的盆景技法与盆景质量都不同程度得以提高，也较之有了一定的声望。许

多朋友纷纷要求我把经验总结出来，供学习借鉴。我因文化水平有限，有的还在摸索探讨之中，但听命不如从命。我把这些年来的实践写成心得，与大家探讨分享。

《追梦》一书主要以石榴盆景的栽培、管理、养护为主，其他类型的盆景兼而有之。分别为石榴盆景育桩、石榴盆景初级阶段的管理、石榴盆景的保果技术、石榴盆景各式制作方法等，是一个从桩材始至成型、挂果观赏的过程。同时也将几年来的其他树种的部分习作一并收入，以求读者赐教。本书收录整理枣庄籍著名学者贺敬之、书法家沈鹏等名家有关石榴的墨宝，收集整理有关盆景照片200余幅，从另一角度再现了石榴等盆景的倩影与色彩。

本书由世界盆景友好联盟前主席、中国风景园林学会花卉盆景赏石分会名誉理事长胡运骅先生，中国风景园林学会花卉盆景赏石分会常务副理事长兼秘书长李克文先生与中国风景园林学会花卉盆景赏石分会副秘书长张先觉先生，中国风景园林学会花卉盆景赏石分会常务副理事长、中国盆景艺术大师赵庆泉先生欣然作序，并寄予厚望，我深感荣幸。我的恩师中国盆景艺术大师梁玉庆先生作序，并自始至终关注本书的编纂工作，谆谆教诲，不盈于耳，终生难忘。本书在编写过程中得以王宝林先生、郝兆祥先生、李新先生鼎力相助，不胜感激。一些朋友的关心、关注与关怀，刻记心中。值《追梦》一书出版之际，一并谨表谢忱。

此书即将出版，此时此刻总有一种忐忑不安的感觉，只因自己的文化水平有限，学识浅薄，经验不足，书中难免存在缺点和错误，请各位方家不吝赐教，批评指正。

"没有比人更高的山，没有比脚更长的路"。我将以此书的出版为动力，把取得的成绩当做新起点，不忘初心，虚心学习，加倍努力，不断进取，在盆景追梦路上勇往直前。

张忠涛

2017 年 2 月

第三章　石榴盆景概述

目录

冠世榴园（摄影：李金强）

第一章 欣赏篇

DIYIZHANG XINSHANGPIAN

天宫榴韵

高：118cm 作者：张忠涛

2016年第九届中国盆景展览会 金奖

汉唐丰韵

高：129cm 作者：张忠涛

2012 年第八届中国盆景展览会 金奖

2013 年世界盆景友好联盟展 中华瑰宝奖

峥嵘岁月

高：117cm 作者：张忠涛

2008年第七届中国盆景展览会 金奖

危崖竞秀

飘长：108cm 作者：张忠涛

第六届中国盆景研讨会

暨（沭阳）精品盆景展 金奖

仙 果

作者：陈洪奎

怀念西域采仙株，石榴盆景从此出。
火焰花色映江山，灯笼园实挂宵都。
裂果解颐美人笑，含玉吐丹娇容楚。
祥瑞风光怡心神，家庭圆满享寿福。

游龙戏珠

高：119cm　作者：张忠涛

第六届中国盆景研讨会暨（沭阳）精品盆景展　金奖

秋醉

高：105cm 作者：张忠涛

首届中国盆景制作比赛暨第二届（沭阳）精品盆景展 金奖

临风图

高：90cm 作者：张忠涛

第二届中国盆景制作比赛暨第三届（沭阳）精品盆景展 金奖

大地情深

高：95cm 作者：张忠涛

奔月

高：58cm 作者：张忠涛

争春

高：80cm 作者：张忠涛

本固枝荣

高：90cm 作者：张忠涛

缠绵

高：90cm 作者：张忠涛

相随

高：90cm　作者：张忠涛

虚怀若谷

高：120cm 作者：张忠涛

笑傲风雷

高：90cm 作者：张忠涛

斜曲的树干富有动感，水线流畅依附而上，坑埝扭曲，凹凸线条精美雄奇。树冠昂然屹立，动静自然。悬根露爪，根盘稳重，极有力度。枝条经多年放养，过渡自然，布局合理，枝叶繁茂，果实孕育，可谓老当益壮，老而弥坚（郝兆祥）。

艳压群芳

高：72cm 作者：张忠涛

古榴新姿

高：82cm 作者：张忠涛

辉映

高：92cm 作者：张忠涛

竞秀

高：85cm　作者：张忠涛

知春

高：100cm 作者：张忠涛

向往

高：75cm 作者：张忠涛

华盖入园

高：92cm 作者：张忠涛

疏影

高：55cm 作者：张忠涛

颂春

高：70cm 作者：张忠涛

起舞

高：80cm 作者：张忠涛

百岁从容

高：150cm 作者：张忠涛

此桩树龄三百余年，粗大的主干直径约 40cm。原品种为枣庄传统的‘大青皮’，后嫁接上优异品种‘红袍大马牙’。此桩展现一个与恶劣的自然环境相抗争的艺术形象：主干虽伤痕斑斑却高指云天，毫不气馁，虽经迂回曲折但老而不朽，奋发向上；钢铁般的树根，紧紧抓住泥土，似有千钧之力；枝可断志不曲，昂扬向上，谱写一曲生命的赞歌（郝兆祥）。

风姿雅韵

高：118cm 作者：张忠涛

雄姿

高：150cm 作者：张忠涛

大汉雄风

高：160cm　作者：张忠涛

风姿绰约

高：120cm 作者：张忠涛

风华正茂

高：85cm 作者：张忠涛

小鸟天堂

高：90cm 作者：张忠涛

飞瀑

高：110cm 作者：张忠涛

虎踞龙盘

高：90cm 作者：张忠涛

十里榴火

高：92cm 作者：张忠涛

邀月

高：87cm 作者：张忠涛

轻歌曼舞

高：102cm　作者：张忠涛

沧海横流

高：88cm　作者：张忠涛

峥嵘

高：88cm 作者：张忠涛

勤劳

高：89cm 作者：张忠涛

十里榴火

高：90cm 作者：张忠涛

扭曲古老的树干斜卧盆外，俯身仰首。丰满的树冠，如绿云一般飘出，洒脱自然，脉络清晰。下探枝如捞月状逸出，动感强烈，顶枝蟠曲而上，生机盎然。老干受尽自然摧残，留下许多空洞，残存的几条生命线顽强向上。枝杈分布自然，聚散合理，曲折有度，下稀上密，重心稳定，榴花似火遍布其上，似天上飘过一抹彩云（郝兆祥）。

岁老冠娇

高：118cm 作者：张忠涛

老骥伏枥

高：78cm 作者：张忠涛

榴林尽染

高：120cm 作者：张忠涛

榴魂

高：140cm　作者：张忠涛

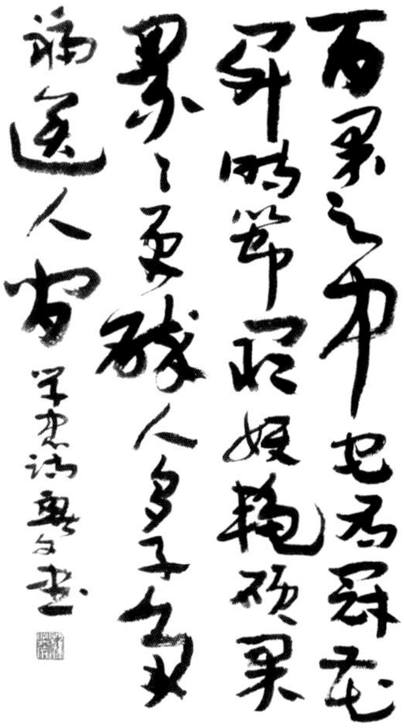

硕果丰收

高：140cm 作者：张忠涛

傲骨临风

高：118cm 作者：张忠涛

此桩树龄数百年，历经沧桑，树干嶙峋峥嵘，雪压雷劈，仅存半块树皮，干身奇特，腐而不朽，舍利凹凸自然，岁月悠悠，残存水线翻卷而上与舍利相互依存，尽显风骨。顶端锯口位于后侧，过渡自然，富有变化。顶枝曲折多变，与苍老的主干浑然一体。造型时，有意去除下部萌枝，化石般的树干得以展现。绿叶、红花、“白骨”相得益彰，枝叶层叠，尽显风姿（郝兆祥）。

榴林春色

高：90cm 作者：张忠涛

舍利佛心

高：92cm 作者：张忠涛

逢春

高：85cm　作者：张忠涛

本固枝荣

高：92cm 作者：张忠涛

横云

高：90cm 作者：张忠涛

春花秋实

高：86cm 作者：张忠涛

万家灯火

高：85cm 作者：张忠涛

弄姿

高：110cm 作者：张忠涛

佳果润中秋

高：90cm 作者：张忠涛

榴韵

高：88cm 作者：张忠涛

尽染

高：130cm　作者：张忠涛

品种：红玛瑙

飞天

高：70cm 作者：张忠涛

相随

高：90cm　作者：张忠涛

争春

高：80cm 作者：张忠涛

揽月

高：70cm 作者：张忠涛

树种：木瓜

壮志不已

高：90cm　作者：张忠涛

树种：木瓜

俱进

高：100cm　作者：张忠涛

树种：木瓜

寻梦

飘长：100cm　作者：张忠涛

树种：木瓜

知春

高度：36cm　作者：张忠涛

树种：迎春

报春

高度：70cm　作者：张忠涛

树种：迎春

红妆

高度：75cm 作者：张忠涛

树种：芭蕾苹果

秋醉

高度：76cm　作者：张忠涛

树种：冬红果

醉

高度：75cm 作者：张忠涛

树种：苹果

奉献

高度：80cm　作者：张忠涛

树种：梨

繁花似锦

高度：88cm　作者：张忠涛

树种：紫薇

溢彩

高度：108cm　作者：张忠涛

树种：红花金银花

蛟龙探海

高度：88cm 作者：张忠涛

树种：蔷薇

暗香浮动

高度：120cm　作者：张忠涛
树种：梅花（宫粉）

梅花三弄

高度：120cm　作者：张忠涛

树种：梅花（乌梅）

怜香

高度：105cm　作者：张忠涛

树种：梅花（骨红）

竞放

高度：70cm 作者：张忠涛

树种：梅花（骨红）

娇俏

高度：68cm　作者：张忠涛

树种：梅花（玉蝶）

疏影斜横

高度：120cm 作者：张忠涛

树种：梅花（美人梅）

群芳争艳

高度：58cm　作者：张忠涛

树种：五色木桃

花帘

高度：65cm 作者：张忠涛

树种：紫藤

舞

高度：62cm 作者：张忠涛
树种：紫藤

垂范

高度：68cm　作者：张忠涛

树种：紫藤

舞在人间

高：80cm 作者：张忠涛

树种：榆

华盖

高：70cm 作者：张忠涛

树种：榆

独秀

高：90cm　作者：张忠涛

树种：榆

幽林

高：130cm 作者：张忠涛

树种：榆

仙洞悬云

高：95cm 作者：张忠涛

树种：榆

腾龙

高：90cm 长：260cm
作者：张基民 张忠涛
树种：榆

此桩是1997年花费15元购于桩材市场。购时此桩光秃无任何毛细根、无任何分枝，且失水已半干，曾连续7天摆放市场无人问津。栽植时把仅有的4条粗根水平截齐，主干截成斜锯口，有利于过渡，经过精心养护，15天后萌芽成活。

桩身盘曲自然，根爪裸露有力，形神均似腾飞的蟠龙。左收右放，动态统一，龙头回首向上，龙尾灵动，顺势甩出，十余个枝片分布自然，根爪抓地有痕。枝条经多年精栽细剪，苍劲有力，错落有致，与树身浑然一体。展现腾龙飞舞、百业腾飞的景象，寓意中华民族犹如卧龙永远腾飞在世界之林。该作为枣庄万景园“镇园之宝”（郝兆祥）。

双龙

高：90cm 作者：张忠涛

树种：扶芳藤

相依

高：60cm　作者：张忠涛

树种：三角枫

欣欣向荣

高：58cm　作者：张忠涛

树种：三角枫

迎

高：90cm 作者：张忠涛

树种：三角枫

雄风

高：88cm 作者：张忠涛

树种：三角枫

连理情深

高：80cm 作者：张忠涛

树种：三角枫

行云流水

飘长：65cm 作者：张忠涛

树种：米叶冬青

轻歌曼舞

飘长：60cm　作者：张忠涛

树种：米叶冬青

层云叠翠

飘长：90cm 作者：张忠涛

树种：黄杨

欲飞

高度：65cm 作者：张忠涛
树种：黄杨

望崖

高度：65cm 作者：张忠涛

树种：雀梅

春来俏

高度：60cm　作者：张忠涛

树种：长春

母子情深

高度：80cm　作者：张忠涛

树种：小叶枸骨

沃土情深

高度：92cm　作者：张忠涛

树种：枸骨

疏影

高度：65cm　作者：张忠涛

树种：鸡爪槭

起舞

高度：81cm　作者：张忠涛

树种：卫矛

木秀于林

高度：89cm 作者：张忠涛
树种：真柏

秀

高度：90cm 作者：张忠涛

树种：黑松

佛云

高度：70cm 作者：张忠涛

树种：黑松

杜甫草堂

高度：45cm　石种：花岗岩

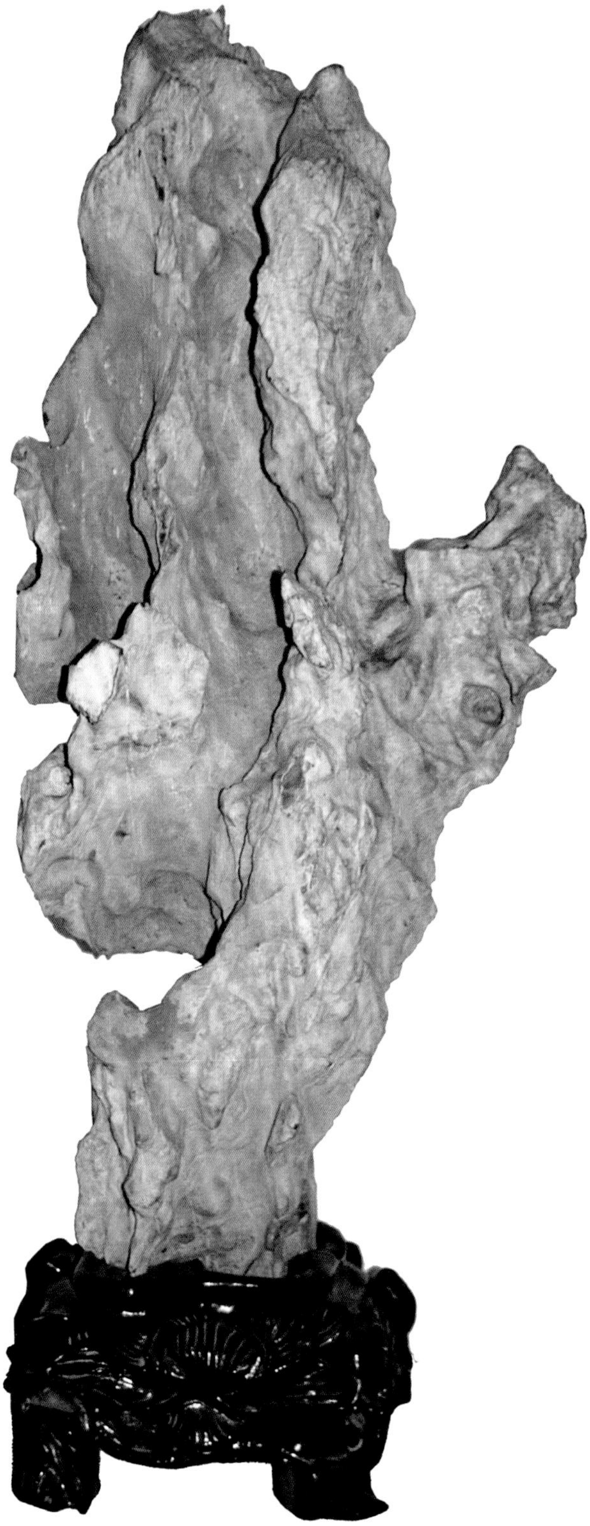

奇峰

高度：90cm　石种：灵璧石

宝珠山

高度：20cm 石种：灵璧珍珠石

远航

高度：26cm 石种：武陵石

榴园秋歌（摄影：邵泽选）

第二章 石榴盆景概述

DIERZHANG SHILIU PENJING GAISHU

石榴的花、果、叶、枝、干、根均可供观赏，它不仅具有多方面观赏特征，而且寓意多子多福、团圆美满，因而是中国最受欢迎的园林、庭院观赏植物之一。上林苑、辋川别业、琼林苑、金谷园、圆明园、何园、个园等著名园林，都有石榴景观的记载或遗存。石榴树干遒劲古朴，盘根错节，枝虬叶细，花艳果美，是制作盆景的上好材料。把石榴树布置于咫尺盆中，“缩地千里”“缩龙成寸”，展现大自然的无限风光，并随着时间和季节的变化，呈现出不同的姿态、色彩和意境。石榴盆景主要有直干、双干、曲干、斜干等形式，而枝叶多呈自然造型。微型或小型石榴盆景常常选择矮生品种如月季石榴、墨石榴等；大、中型盆景多用一些石榴老桩或枯桩进行修剪蟠扎，养坯几年后才可上盆观赏。经过艺术造型和整修后的石榴盆景，春芽、夏花、秋果、冬枝，季相景观丰富，观赏价值极高，是美化庭院、宾馆、公园、广场、会议室、展室等公共场所的上佳艺术品。

图 2-1　石榴百子（摄影：周辉）

图 2-2　石榴图（娄师白）

图 2-3　石榴图（娄师白）

第一节　石榴盆景的发展历程

石榴是历史上著名的盆景、插花主要树种之一。石榴盆景在分类上属于果树盆景，其历史起源的确切时间尚无定论。但据其自身特点推论，当与盆景起源于同一时期，应当是由一般盆栽植物中易于结果的种类逐步发展而来，进而演化成为盆景中的一个大类。胡良民等《盆景制作》中载："西汉就出现盆栽石榴"，因此彭春生的《盆景学》一书中把此作为中国盆景起源的"西汉起源说"。西汉以后，石榴盆景制作技艺逐步发展并完善。其原因是石榴寿命长，萌芽力强，耐蟠扎，树干苍劲古朴，根多盘曲，枝虬叶细，花果艳美。唐宋时期，石榴盆景发展到较高水平。宋代盆景植物分类，出现了"十八学士"的记载和绘画，其中就有石榴，可见当时石榴盆景发展之盛。明清时期的石榴盆景比唐宋时期还要兴盛、意境水平还要高。明《学圃杂疏》载："石榴本在外国来者，然独京师为胜，中贵盆中有植。干数十年，高不盈二尺。"在明朝人的插花"主客"理论中，榴花总是列为花主之一，称为花盟主；辅以栀子、蜀葵、孩儿菊、石竹、紫薇等，这些花则被称为花客卿或花使令，更有喻为妾、婢的。可见古人对石榴的喜爱与推崇。清康熙帝对石榴盆景情有独钟，他的《咏御制盆景榴花》诗云："小树枝头一点红，嫣然六月杂荷风。攒青叶里珊瑚朵，疑是移根金碧丛。"清嘉庆年间，苏灵著有《盆玩偶录》二卷，把盆景植物分为："四大家""七贤""十八学士"和"花草四雅"，其中石榴树被列为"十八学士"之一。因而，石榴成为扬派、苏派、川派、岭南派、海派等树桩盆景流派的常用树种之一。时至今日，北京宋庆龄故居、上海植物园还珍藏着200年以上历史的石榴盆景。目前，山东省枣庄市峄城区是国内生产规模最大、水平最高的石榴盆景产地和集散地（图2-4、图2-5）。峄城年产石榴盆景、盆栽近10万余盆，在园盆景、盆栽达50余万盆，精品盆景1万余盆，先后在国内外各级盆景艺术展上获得大奖300余个，确立了峄城石榴盆景在中国石榴盆景领域的领先地位。峄城石榴盆景引领中国石榴盆景产业的发展方向，自2000年始，在峄城石榴盆景艺人的指导以及石榴盆景产业的带动下，安徽烈山、怀远、江苏铜山、河南荥阳、平桥、陕西临潼、四川会理等地，相继利用当地丰富的石榴资源，生产制作石榴盆景，有的初具规模，有的形成商品生产，产生了很好的社会效益、经济效益。截至2016年年底，全国年产各种规格石榴盆景25万盆，年产值约2亿元。

图 2-4　山东省枣庄市峄城区石榴盆景园一角（摄影：杨群）

图 2-5　山东省枣庄市峄城区万景园一角

第二节　峄城石榴盆景产业

据考证，汉丞相匡衡在成帝年间，将石榴从上林苑带出，并引入故里丞县（今山东省枣庄市峄城区）栽培。明万历年间编纂的《峄县志》记载："石榴、枣、梨、李、杏、柿、苹果、桃、葡萄……以上诸果土皆宜，石榴、枣、梨、杏尤甲它产，行贩江湖数千里，山居之民皆仰食焉。"这说明，明万历年间"峄城石榴"已形成规模，是山区百姓重要的生活来源。经过当地百姓的长期培育，"峄城石榴"集中连片面积之大、石榴树之古老、石榴古树之多、石榴资源之丰富，为国内外罕见，赢得了"峄城石榴甲天下"之美誉，使峄城成为最著名的"中国石榴之乡"（图2-6）。

峄城区石榴盆景起源何时尚无考证，应从石榴盆栽演变发展而来。明代兰陵笑笑生（即峄城籍贾三近）著的《金瓶梅》中就有多处关于石榴盆景、盆栽的记叙。嘉庆年间，石榴盆景作为艺术品出现在县衙官府及绅士、富商之家。峄城南郊曾出土刻有石榴盆景图案的清代墓石。民国时期，峄城和鲁南苏北集镇的商家、富户、文人雅士时兴用石榴盆景装点门面，彰显富贵。新中国成立后，特别是改革开放以后，峄城石榴栽培规模日趋扩大，为石榴盆景发展提供了丰厚的物质基础。自20世纪80年代中期始，峄城部分盆景爱好者，以石榴古树为材料，开始制作石榴盆景。至90年代中后期，峄城石榴盆景初具规模，大、中、小、微型石榴盆景达4万余盆，逐步形成商品生产，成为我国现代石榴盆景产业之开端。至21世纪，峄城石榴盆景、盆栽产业呈现蓬勃发展的态势（图2-7至图2-13）。

石榴是苏派、扬派、海派等盆景制作的主要树种之一。相比这些传统盆景流派，峄城石榴盆景异军突起，起步虽相对较晚，但产业资源雄厚、产业规模大、艺术水平高。历经30多年的发展，已经成为国内石榴盆景艺术最高水平的代表。在国际、国内各级花卉、园艺展览会上获得金、银等大奖300余个。在1990年第十一届亚运会艺术节上，杨大维创作的石榴盆景《苍龙探海》获二等奖。全国政协副主席程

图 2-6　古树榴花开满枝（摄影：李金强）

图 2-7　曙光希望（摄影：李秀平）

图 2-9　花仙采实（摄影：李夫燕）

图 2-8　山东峄城“冠世榴园”内石榴古树（来源：峄城区旅游局）

图 2-10　幽静的圣地（来源：峄城区旅游局）

图 2-11　榴园欢歌
（摄影：尤冰）

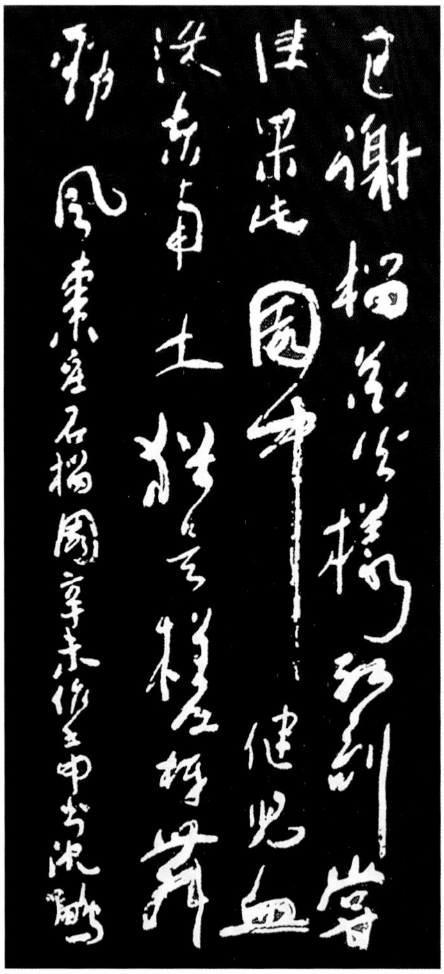

图 2-12　《咏榴园》
已谢榴花火样红，剖赏佳果此园中。
健儿血沃东南土，犹是槎枒舞劲风。
1992 年中国书法家协会主席沈鹏先生写的《咏榴园》诗

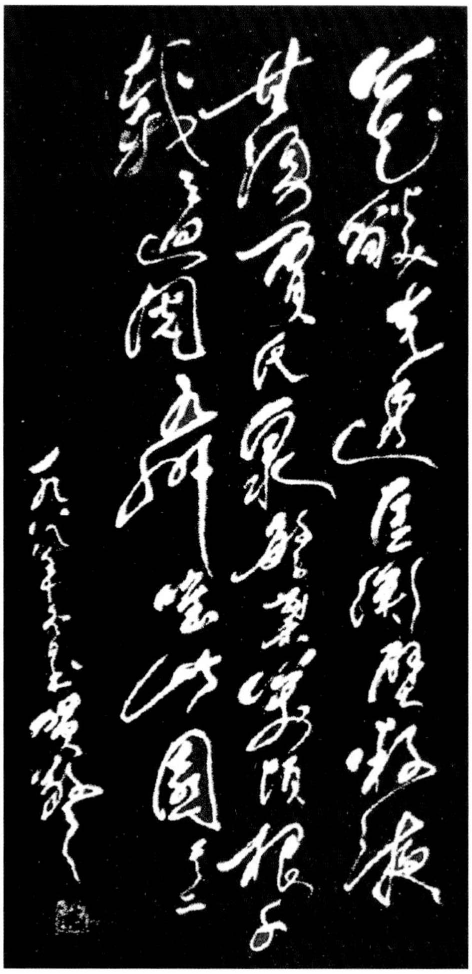

图 2-13　《题峄县榴园》
花焰光透匡衡壁，籽液甘涌贯氏泉。
繁叶万倾根千载，遍阅九州唯此园。
1988 年原文化部部长，著名诗人贺敬之参观万亩榴园后题诗思远挥笔题下“峄城石榴盆景，春华秋实，风韵独特，宜大力发展”的题词。这是峄城石榴盆景首次参加重要展览并获奖。1997年在第四届中国花卉博览会上，杨大维创作的石榴盆景《枯木逢春》获金奖，这是峄城石榴盆景首获国家金奖。此后，在中国花卉博览会、中国盆景展览会等专业展会上，峄城石榴盆景屡获金、银等大奖。在1999年昆明世界园艺博览会上，峄城石榴盆景获金奖1枚、银奖3枚、铜奖4枚。其中金奖作品是张孝军创作的《老当益壮》（图2-15），是整个世博会唯一获金奖的石榴盆景，也是山东代表团获金奖的唯一盆景作品。2008年萧元奎培育的《神州一号》《东岳鼎翠》《漫道雄关》等29盆石榴树桩盆景，被北京奥运组委会选中，安排在奥运主新闻中心陈列摆放、展示。同年，“峄城石榴盆景栽培技艺”被列入枣庄市非物质文化遗产保护名录，杨大维被枣庄市人民政府确定为代表性传承人。2008年在第七届中国盆景展览会上，我创作的石榴盆景《峥嵘岁月》获金奖。2009年在第七届中国花卉博览会上，萧元奎创作的石榴盆景《凤还巢》、张勇创作的《擎天》均获金奖。2012年在第八届中国盆景展览会上，我创作的石榴盆景《汉唐风韵》获金奖。2016年在第九届中国盆景展览会上，我创作的石榴盆景《天宫榴韵》获金奖。部分峄城石榴盆景精品还走进了全国农展馆、北京颐和园、上海世博会等展会和场所，盆景艺术、管理水平达到了国际领先水平。2013年“石榴盆景培制技艺峄城石榴盆景技艺”被列入山东省非物质文化遗产保护名录。

峄城石榴盆景造型奇特，风格迥异，其

图 2-14　《一弯勾月》　作者：杨大维

图 2-15　《老当益壮》　作者：张孝军

图 2-16　《独木成林》　作者：肖元奎

图 2-17 《金凤展翅》 作者：张孝军

图 2-18 《醉春秋》 作者：张永

花、果、叶、干、根俱美，欣赏价值极高。初春，榴叶嫩紫，婀娜多娇；入夏，繁花似锦，鲜红似火；仲秋，硕果满枝，光彩诱人；隆冬，铁干虬枝，苍劲古朴。其造型结合石榴的生态特性和开花结果的特点，既注意继承、传承，又不断实践、总结和创新。其艺术风格主要因材取势，老干虬枝、粗犷豪放、古朴清秀、花繁果丰，具有浓郁的鲁南地方特色。造型方法有蟠扎、修剪、提根、抹芽、除萌、摘心等，主要是采取蟠扎和修剪相结合，多用金属丝蟠扎后作弯，经过抹芽、摘心和精心修剪逐步成型。

峄城石榴盆景是在山东省盆景艺术大师、枣庄市非物质文化遗产“石榴盆景栽培技艺”代表性传承人杨大维的带动下，历经30余年，实现由零星制作到规模化商品化生产，由低水平到代表国家最高水平的转变，同时也涌现出在国内盆景界有一定影响力的盆景艺术工作者。萧元奎等13名石榴盆景艺术工作者获“山东省盆景艺术师”称号，钟文善、张忠涛等8名石榴盆景艺术工作者获得“枣庄市十佳盆景大师”称号。峄城区林业、果树、园林等部门因势利导，通过花卉盆景协会等平台，组织参加各级展览，加强对外展览、展示、合作、交流、宣传，出台扶持措施，推进石榴盆景商品化进程，促进了石榴盆景艺人技艺水平的共同提高。果树科技和石榴盆景工作者编著、出版了《石榴盆景制作技艺》（王家福等著）、《石榴盆景造型艺术》（陈纪周等著）等专著，发表相关论文、文章100余篇。舍利干制作、花果精细管理、老干扦插、老干接根等技术在生产中得到广泛推广、应用。

峄城石榴盆景造型艺术的原则是顺其自然又高于自然，尽显树桩的美丽风姿，大体上分为单干式、双干式、多干式（丛林式）、曲干式、悬崖式、舍利干式、枯干式、山林式等类型。石榴盆景的分类，和其他树木盆景一样，没有固定的形式，因为树木都是有生命力的。在其生长过程中，随着季节更替，而产生不同的形态变化，因而创作手法也应千变万化。有的以露根、虬干取胜，有的以花果取景——所以既可以从树木主干的形态来分，也可从树木生长形态上来分，还可以树木根部状态来分，又可从树木盆景的规格大小来分。总之，石榴盆景艺术创作是艺术家把富有诗情画意的山水与园林艺术紧密结合起来，通过作者的巧妙构思和技术手段，创作成一盆盆“虽有人作，宛如天开”的佳作，使自然美与艺术美达到高度的统一。它可以使人们在欣赏作品的同时，不仅欣赏了景色的美，而且能通过这种美来激发爱自然、爱家乡、爱祖国的情感，因景而产生联想，从而领略到景外的意境。从这个意义上讲，石榴盆景艺术是活的艺术。

第三节　石榴盆景的艺术特色与欣赏

石榴盆景干老皮苍，盘根错节，悬根露爪，虬曲多姿，旋转扭曲，树皮斑驳，节、瘤、棱遍布，枯骨强烈，富有变化，四季可赏。春季红芽初吐，遍布枝头；夏季叶绿花红，花色烂漫；秋季硕果累累，丰收在望；冬季铁干虬枝，遒劲古朴（图2-19至图2-22）。石榴盆景造型主要有桩景和树石两类，以树桩盆景为主。近年来，又推出了微型制作。石榴树桩盆景又因干、根造型不同而生出多种变化。石榴盆景除具有一般树桩盆景所具有的艺术风格，如缩龙成寸、小中见大、刚柔相济、师法自然、高于自然之外，还具有其独到的艺术特色及极高的观赏价值。

图 2-19　丹葩结秀（摄影：周辉）

图 2-20　榴花红似火（摄影：李金强）

图 2-21　苍榴傲雪（摄影：孙启路）

图 2-22　盘根错节（摄影：曹尚银）

石榴盆景花、果的特点

石榴花、果期长达5个多月，其欣赏价值是其他盆景不可比拟的。花色有红、粉、黄、白、玛瑙五色，且有单、复瓣之分。花朵有小有大，花期一般2个月以上。月季石榴从初夏到深秋开花不断。石榴以其绚丽多彩的花朵闻名于世，特别是春光逝去、花事阑珊的时节，嫣红似火的榴花跃上枝头，确有“万绿丛中一点红，动人春色不须多”的诗情画意。石榴果有青、白、红、粉、紫、黄等色，与青灰或黄褐色的树干形成鲜明对比，展现出和谐的生命活力，淋漓尽致地表现出大自然的美。尤其花石榴品种，花果并垂，红葩挂珠，果实到翌年2～3月份仍不脱落，观赏期更长。总之，花、果是石榴盆景的重要组成部分，以型载花、果，以花、果显造型，型、花、果兼备，妙趣横生，极富生活情趣和自然气息（图2–23）。

单瓣红花

重瓣红花

单瓣白花

重瓣白花

单瓣玛瑙花

重瓣玛瑙

单瓣粉红花

重瓣粉红

单瓣黄花

二重（台阁）红花

图 2–23　不同种类的石榴花

图 2-24 《沧海横流》 作者：张忠涛

图 2-25 《古榴新姿》 作者：张忠涛

石榴盆景的造型特点

石榴盆景既是树桩盆景，又是花果盆景。在造型手法上，除研究造型以外，还要注重培养花、果。而花、果的培养需具有一定生长优势的枝条和一定数量的叶片面积，这就决定了石榴盆景不能像一般盆景那样对枝叶进行精扎细剪。石榴盆景的自身特点决定了在造型和修剪上粗犷、自然和多样的风格。在形体上，有大型、中型、小型，微型；在树冠枝叶修剪上，注重花果，可以分出层面，但一般不剪成薄薄的“云片”。以蟠扎为主，修剪为辅，以使盆景正常开花、结果，达到桩、枝、叶、花、果皆美的艺术效果；如不注重花果，也可像其他盆景那样剪成“云片”，以枝、叶、干欣赏为主，也具有很高的欣赏价值。

石榴盆景具有极高的综合观赏价值

石榴盆景芽红叶细，花艳果美，干奇根异，各个部位都具观赏价值，一年四季都可赏玩。仲春，新叶红嫩，婀娜多姿；入夏，繁花似锦，红花似火、白花如雪、黄花如缎；深秋，硕果高挂，红如灯笼，白似珍珠，光彩照人；至冬，铁干虬枝，遒劲古朴，显示出铮铮傲骨和蓄势待发的朦胧之美。其中花石榴株矮枝细，叶、花、果均较小，制作盆景，小巧玲珑，非常适合表现盆景“小中见大”的艺术特色；果石榴则树体较大，山东枣庄峄城有一二百年，甚至三四百年生的古树几十万株，以其制作盆景，最能表达山东人的豪爽气质和峄城“冠世榴园”的宏大气势。

石榴盆景干的特点

石榴盆景造型的重点集中在桩景主干上，几十年生以上的果石榴树干，多扭曲旋转，苍劲古朴，用其制作盆景，本身就十分奇特，具有很高的观赏价值和特殊的艺术效果。在桩景制作上，不论什么款式，主要运用枯朽、舍利干、象形干（人物、动物）、干上孔洞或疙瘩等手法，着力表现石榴桩景的古老、奇特。如枯朽的运用，将大部分木质部去除，仅剩少量的韧皮部，看上去几近腐朽，但仍支撑着一片青枝嫩叶，红花硕果；干身疙瘩，主要是运用环割、击打等方法刺激皮层形成分生组织和愈伤组织，包裹腐朽的木质部；舍利干，主要是将因部分韧皮部死掉，在木质部上顺干磨成一些沟状裂纹，或凿成孔洞。这些都无不表现出顽强之生命、铮铮之铁骨、刚劲之力量的意境神韵（图2-26至图2-28）。

图 2-26 《峥嵘》 作者：张忠涛

图 2-27 《向荣》 作者：张忠涛

图 2-28 《秋实》 作者：张忠涛

图 2-29 《傲骨临风》 作者：张忠涛

图 2-30 《百折不挠》 作者：张忠涛

图 2-31 《俱进》 作者：张忠涛

石榴盆景根的特点

石榴盆景分为露根式和隐根式两类。干比较粗壮、雄伟、苍劲、古朴的一般不露根，将根埋于土内，着力表现桩景；而桩干比较细小、树龄较年幼、干较矮的多数都露根，或提或盘，经过加工造型，以使其显得苍老奇特，古朴野趣，以此来衬托桩干，弥补桩干的单薄。露根式盆景根的造型，主要是与桩干结合起来，或与象形动物的桩干结合，作为爪、腿、尾等，栩栩如生；或与非象形桩干结合，梳理成盘根错节之态；或应用于丛林式盆景中作连接状，形如龙爪，别具一格（图2-29至图2-31）。

雨后榴园 （摄影：洪晓东）

第三章

石榴盆景的制作与管理

DISANZHANG

SHILIU PENJING DE ZHIZUO YU GUANLI

第一节 适宜制作石榴盆景的品种

用石榴制作盆景或景观树等，其用途主要是观赏，其次是食用。随着经济和社会的发展，消费者的眼光、品位越来越高，对树形、叶色、花型花色、果实的颜色、口感及观赏性、抗寒性、抗病性的要求就更高。

石榴品种，从花型、花色上分类：有红花（单瓣、复瓣、重瓣）、粉红花〔单瓣、复瓣（晚霞）〕、白花（单瓣、复瓣、重瓣）、黄花、玛瑙花（红花带白边，分双单瓣）等。

从果实食用性、花型上分：有观赏石榴（俗称花石榴、看石榴）、果石榴（传统果石榴、新选育果石榴）。无论观赏石榴，还是果石榴，都具有很高的观赏价值，都比较适合制作石榴盆景或营造景观树。

观赏石榴（俗称花石榴、看石榴）：红果看石榴、白果看石榴、粉红看石榴、墨石榴、牡丹花石榴、粉红花石榴、月季石榴、黄石榴。

传统果石榴：‘大红皮’（酸、甜）‘小红皮’（酸、甜）‘大青皮’（甜、酸）‘冰糖籽’‘岗榴’‘大马牙甜’‘玉石籽’等。

新选育果石榴：‘秋艳’（超大籽）‘橘艳’‘红绣球’‘蜜榴’‘青丽’‘以色列软籽酸’‘白花玉石籽’‘中农红软籽’等。

经过实践，现把比较优良、新奇、适宜制作石榴盆景的优良品种简单介绍如下：

1. 峄城大青皮甜。系枣庄市峄城区地方农家品种、优良品种、主栽品种。花红色、单瓣。大型果，果皮黄绿色，向阳面着红晕；一般单果重500g，最大单果重1520g；百粒重32～40g，籽粒鲜红或粉红色，可溶性固形物含量14%～16%，汁多，甜味浓。果大美观，树干扭曲，资源丰富，极适宜制作盆景盆栽，系石榴盆景的主栽品种（图3-1）。

2. 峄城大红袍。系枣庄市峄城区地方农家品种、优良品种、主栽品种之一。大型果，果实扁圆球形，果肩齐，表面光亮，果皮呈鲜红色，向阳面棕红色，并有纵向红线，条纹明显；一般单果重550g，最大者1250g；百粒重32g，籽粒粉红色，透明，可溶性固形物含量16%，汁多味甜（图3-2）。果皮鲜红，系石榴盆景制作者、观赏者、消费者最喜欢的品种（图3-2）。

3. 峄城冰糖籽。系枣庄市峄城区优良品种、因白花、白皮、白籽是石榴盆景中极具特色的品种之一。花单瓣，白色；平均单果重295g，最大410g，百粒重42g，籽粒白色，可溶性固形物13%～16.5%，汁甜爽口似冰糖，亦叫冰糖冻，品质极佳。

4. 秋艳。系山东林业科学研究院、枣庄市石榴研究中心选育的石榴优异品种，2015年通过国家林业局审定，是目前石榴属中唯一通过国家审定的品种。中型果，果面光洁，无锈斑，果实底色为黄绿色，表面着鲜嫩红色，果皮薄，平均厚0.3cm，单果重300～800g，籽粒特大，百粒重62.3～81.5g。籽粒粉红色、透明、半软（较一般石榴稍软）。平均可溶性固形物含量15%～16%，品质极佳。果实成熟期10月中旬，极抗裂果，综合品质极佳。早产，丰产，因果实外表美艳，品质优异，抗裂果，而成为最适宜制作改良石榴盆景的一个新品种（图3-3）。

5. 橘艳。系枣庄市石榴研究中心2015年选育的石榴优异品种。果实扁圆球形，平均单果重420g，果个均匀，果面光洁，果皮橘红色。籽粒浅红色，平均百粒重52g，可溶性固形物含量14.7%，总酸含量0.162%，鲜果出汁率46.6%。因果实成熟时是橘红色，非常美观，而成为石榴盆景制作中较受欢迎的品种之一（图3-4）。

6. 峄城青皮谢花甜。系枣庄市峄城区地方农家品种。中型果，果面光滑，具有光泽，果皮黄绿色，向阳面有红晕，一般单果重450g，最大550g，果皮厚0.25cm，百粒重约38g，籽粒淡红色，味清香，可溶性固形物含量15%。籽粒膨大，初期时就无涩味，故称‘谢花甜’。

7. 峄城黄金榴。俗称‘黄皮甜石榴’。系山东省枣庄市峄城区地方农家品种。花白色，单瓣，花瓣基数6枚；果皮金黄色，中、小型果，平均单果重270g左右，籽粒粉红色，风味甜，单果籽粒570粒左右，百粒重22g，可溶性固形物含量14.5%，为中熟品种。果皮黄色，系非常罕见的观赏品种（图3-5）。

8. 峄城青皮马牙甜。俗称‘大马牙甜’，系枣庄市峄城区地方农家品种、优良品种、主栽品种之一。大型果，果实扁圆球形，果肩陡，果面光滑，青黄色，果实中部有数条红色条纹，上部有红晕，中下部逐渐减弱，一般单果重500g，最大者1300g，果皮厚0.25~0.45cm，百粒重42~48g，籽粒粉红色，特大，形似马牙，味甜多汁，故名‘马牙甜’，可溶性固形物含量15%~16%，系峄城石榴盆景中一个非常优异的品种。

9. 峄城小红袍酸。系枣庄市峄城区地方农家品种。小型果，果实圆球形，果肩平，有光泽，果面鲜红至深红色，并有条纹，萼洼平，萼洼四周色较淡，果下部颜色加重，梗洼稍凸，四周有红褐色锈点分布，果型指数0.92，一般单果重340g，果皮厚0.6cm，百粒重41g，籽粒红色，味特酸，可溶性固形物含量11%~13.5%。易挂果、丰产，果实大小均匀，果皮红艳，挂果期长，非常适宜制作石榴盆景。

10. 峄城小红袍甜。系山东省枣庄市峄城区地方农家品种。小型果，果形扁圆球形，一般单果重150~300g；果皮光滑发亮，阳面红色，阴面微红，果棱5条明显；百粒重21.5g，籽粒小，细长，少数有不太明显的针芒状放射线，顶部红色，含糖量12.5%，初成熟时稍有涩味，8月底9月初成熟。易挂果、丰产，果实大小均匀，果皮红艳，挂果期长，非常适宜制作石榴盆景。

11. 峄城紫皮酸。俗称‘黑石榴’。系枣庄市峄城区地方农家品种。花单生或簇生，花红色，单瓣。小型果，果实近球形，果皮薄，果皮深紫色，果面光滑，单果重30~58g，籽粒深红色，味特酸，百粒重16~18g；可溶性固形物含量

图 3-1 ‘峄城大青皮甜’

图 3-2 ‘峄城大红袍’

图 3-3 ‘秋艳’

图 3-4 ‘橘艳’

图 3-5 ‘峄城黄金榴’

图 3-6 ‘峄城紫皮酸’

14%。系观赏石榴中的珍品（图3–6）。

12. 怀远玉石籽。系安徽省怀远县地方农家品种、主栽品种、优良品种。中型果，单果重240~380g；有明显的五棱，果皮青绿色，向阳面有红晕，籽粒大，玉白色，近核处常有放射状红晕，汁多味甜并略具香味，种子软，品质上等，百粒重59g，核硬，可溶性固形物16.5%。

13. 榴缘白。系山东省果树研究所苑兆及等人从美国引进。树体较小，树势强健，花重瓣，花瓣白边红底，花瓣数可达180枚；5月上旬始花，10月上旬谢花，花期长达5个月，不坐果，观赏价值较高（图3–7）。

14. 峄城单瓣玛瑙。系枣庄市峄城区地方农家品种。当地俗称‘彩石榴’，目前仅发现1个品种，极为罕见，极富观赏价值。花红色，有黄白色条纹，单瓣，5~7枚，多数6枚，花期5~6月；多结实；亦是著名的观花观果石榴品种，用于绿化观赏（图3–8）。

15. 白玉石籽。系安徽农业大学选育。花瓣白色，花瓣、花萼4~6片；果实近圆形，平均单果重469g，果皮黄白色，果面光洁，果棱不明显，萼片直立。平均单粒质量0.84g，籽粒多呈马齿状，无色，内有少量针芒状放射线（图3–9）。

16. 陕西大籽。系陕西省杨凌稼禾绿洲农业科技有限公司选育。果实扁球形，极大，平均单果重1200g，最大单果重2800g。果皮粉红色，果实表面棱突明显，果面光洁而有光泽，无锈斑，外形美观。籽粒大，百粒重94g，红玛瑙色，呈宝石状，汁液多，味酸甜，品质上等。属鲜食加工两用品种。

17. 中农红软籽。系‘突尼斯软籽’石榴芽变，中国农业科学院郑州果树所选育。果个较大，平均单果重475g，最大714g。外观漂亮，果实圆球形，果皮光洁明亮，浓红色，红色着果面积可达95%，裂果不明显。籽粒紫红色，汁多味甘甜，出汁率87.8%，核仁特软，可食。

18. 以色列软籽酸。系1996年从以色列引进。果实近球形，平均单果重385g，最大单果重1120g，果皮深红色，厚度0.3cm，果皮质地粗糙，百粒重40g，籽粒深红色，籽粒软，可

图 3–7　‘榴缘白’

图 3–8　‘峄城单瓣玛瑙’

图 3–9　‘白玉石籽’

图 3–10　‘以色列软籽酸’

食率47.9%，维生素C含量121mg/kg，总糖含量11.48%，总酸含量1.43%，可溶性固形物含量15.6%，果实风味酸甜，果实外观优，果实品质佳。早产丰产果实鲜红，抗裂果，极适宜制作或改良石榴盆景（图3-10）。

19. 红玛瑙。系峄城区优良农家品种。大、中型果，果皮黄绿色，平均单过重472g，百粒籽重58g，籽粒粉红色，味甜多汁，可溶性固形物15%。该品种树体较小，树姿开张，萌芽力强，成枝力弱。枝条瘦弱细长，新梢鲜红色，萌芽后能保持一个月左右，较其他石榴盆景尤具观赏性，是石榴盆景中比较稀少的品种。

图 3-11 《尽染》 作者：张忠涛

桩材的设计要主题鲜明，裁截到位、定托准确、精心管理，能有效缩短成型时间。在山野、果园内采集树桩时，应先观察桩材的发展方向，是适合搞大盆景、小盆景，还是全冠景观树等类型，应比想象的模框适当多留一段。看有什么特殊的缺点或长处，找出利弊，综合考虑，把最美的表现出来。原来的生长姿态不一定是后期栽植的角度，通过变化角度，再进行艺术加工，随时间变化，往往会变得更好、更协调。

截桩与锯口的处理

1. 采桩。石榴树生命力强，易成活，一年四季均可采桩。最好春冬二季，夏季亦可带土球栽植，不带土球长势不旺，冬季注意保温防冻。采集石榴树桩时，一般无须带土，适当把根系留长，枝一般留5～10cm为好。挖后及时运输，途中注意保水、保温。

2. 调相对比。桩材源于自然，多以老树、大树、残树造型为主，而采集的桩头往往有不尽如人意的地方，如过渡不自然、枝干别扭呆板、分枝不合理、根系过长过深、根盘不平整等，须经过反复调相比对，才能确定最佳角度及观赏面。

通过调整树桩的栽植角度，使桩材的树型发生根本的变化。树桩由根、干、枝构成，从根盘考虑，应使根盘下大上小，过渡自然，根的分布均匀，抓地有力，有稳固之美。根在盆面上应基本处于一个水平面上，尽量避免“吊根”和“翘根”。如怕影响成活，根可先留长栽植，一两年后再整理、剪截，应因树造型，最大程度发挥原桩优点。

在确定最佳观赏面时，应考虑以下几个方面：

（1）树干肌理变化大。

（2）树干左右弯曲自然。

（3）树桩左右展幅最大一面，看上去协调自然。

（4）根布局合理，较粗壮的一面。

（5）树桩根部有坡脚的一面。如斜干树，应内侧“撑”，外侧“拉”，显示根部力度。

（6）石榴树多逆时针旋转，应发挥此特色，选择根基稳、动态自然有力、分枝错落有致的一面。

用以上标准确定观赏面，有时会自相矛盾，不尽如人意，应通过综合考虑选出最佳方案。还应遵循先成活、后造型理念与逐步改造的原则。

3. 截桩。确定根盘走势、观赏面及高度之后，画线进行截桩。截根时，应尽量保留较多的根系。粗根的截留长度，应考虑以后用盆大小及深浅等。截根时，宁稍短，不宜过长，以免上盆麻烦。如根留的较长，第二次上盆时还需锯截，会造成第二次伤害，影响树的成型。如桩坯过老，根盘外有较多毛细根，为考虑成活，应首先保留，等成活1～2年后再截根。盆景要露根，根的加工要考虑以后上盆的形态，设计好上盆的栽植和土面水平角度，要均衡利弊，选取最佳方案。上层粗根不宜截太短，应使根截面向下斜截，看上去自然。细根容易发新根，而粗根内有大量有机营养，是萌芽、萌发新根的物质基础。伤残、撕裂、磨损、折断的根应截至健康处。较长且有毛细根的侧根，为提高成活率，可盘曲保留，有利于吸收水分。

4. 锯口的处理。锯口应平滑，用电锯切后，再用利刀把外围皮层平滑削一圈，有利于生根。特别是桩好而根系欠佳的以及老桩更应该这样处理。

截干加工时，应考虑栽植角度，分枝布局。回避观赏面前后锯口，尽量使锯口在一侧

图 3-12　桩材正面

图 3-13　锯口处理

图 3-14　锯口处理

图 3-15　锯口处理

图 3-16　枯干截口撕劈：让其自然腐烂有利于后期舍利干的制作

图 3-17　红线部位是原树枝位置

图 3-18　截根处理

或背面，一般锯口斜截，看上去过渡自然，逐步缩小，锯口要高低错落，顿挫适中，不在一水平面上，避免一锯到底。对过于粗直且呆板的树干，可截高低不等的分叉，分叉之间不可太圆滑。这样在锯截的树杈之上生成错落有致的萌芽。当芽长到一定高度，进行定芽。待枝条生长几年后，树干的分叉处形成的枝条增粗后，原锯口逐步缩小，分叉处看上去是枝的一部分，破解了干的丑陋，增强了自然感。

干的高度因树而异，矮壮树应矮低，斜干树应飘逸，文人树应高挺，悬崖树应曲折变化。自然界的树干千姿百态，截桩时分枝应自然，分布合理。树桩下部枝条应充分利用。截口不可一平锯了事（留一圆形向上平锯口），这样太难看，不利于过渡。

总之，截桩时锯口应斜锯成马耳形、舌状楔形或自然分叉，没有变化的力求做出变化，没有分枝的做出分叉，预留出今后出枝的参差不齐的效果。树桩加工时不能统一模式，即便同一树桩，锯截的效果也不尽相同。应考虑优劣得失，发挥最多最大特点，化平淡为神奇，为今后制作打下良好的基础（图3-12至图3-18）。

栽植的方法

通过对桩坯的审视调相锯截后，桩坯已基本定型，下一步进入栽植育桩保活阶段。经过多年的摸索和实践，桩坯采取涂泥保湿法、窖藏法、打击刻伤生芽法栽植易于成活，生根生芽多，效果明显。

1. 涂泥保湿法。将锯好的桩坯栽植后（大棚内进行，直接上盆或堆土栽培），用黏度较大的泥巴涂抹在树身上，锯口处少涂，涂泥面积约占树身面积的50%左右，然后用塑料薄膜（白色地膜）包裹，放在封闭的大棚中，注意保湿、保温、通风，待春季芽子生出后，轻轻将芽子上面部位的薄膜揭开，慢慢用水冲去泥巴，使芽头自然显露出来（图3-19至图3-21）。

2. 窖藏法。将锯截好的桩坯，找一块避风平坦的空地，清理干净，将所截的桩坯集中起来，平整放在地上，不要太挤压，以防春季扒桩坯时折断枝条。可用清洁的河沙掩埋，沙土高于桩坯30cm，以冬季结冰时冻不到桩坯为宜。之后用棍子捣实，浇一次透水，上面用草苫等物覆盖，待明年春定植。窖藏法多以大桩坯为主。其特点是省时省工、保湿、成活率高，减少冬季建棚、保湿、保温的环节。桩坯在窖藏的过程中，通过营养的积累，形成根瘤与芽眼等愈伤组织，利于生根发芽。窖藏期间如沙干，应及时喷水保湿（图3-22）。

3. 打击刻伤生芽法。此法是一种辅助生芽栽培方法。有些桩材锯截后，其自然生芽眼被破坏，或有的平滑处不易生芽，因此在适当位置刻伤，易于生芽。用剪子尖或凿子敲至木质层即可，打击刻伤法一般在窖藏法与涂泥保湿法之前完成。通过打击刻伤，使其受伤处形成愈合组织，促进隐芽萌发。此法的应用，避免了枝条的缺失，加快了培养过程（图3-23、图3-24）。

冲洗树皮

石榴生长速度较快，每年要退去一层老皮，一般老皮在树上会藏有虫卵、病菌孢子等，且看上去不干净，所以每年要清除老皮。以往一般用钢丝刷等刮去老皮，费工，且因树高密度大等原因不方便操作，近几年发现用高压水枪清理老皮效果好、效率高。每年于秋末冬初或春节发芽前用压力较高的高压水枪清理老皮及枯叶等。操作员要穿雨衣、戴眼镜操

图 3-19　温棚内栽植

图 3-20　涂泥保湿

图 3-21　用高压水枪清洗树皮

图 3-22　窖藏处理

图 3-23　打击刻伤法生芽

图 3-24　打击刻伤法生芽

图 3-25　链条锯、磨光机

图 3-26　电动凿子及刀头

作，根据实际情况对石榴老皮进行清理。

一般从下至上，从根部到树干到主枝，小枝部分不需清理，防止压力过大把花芽喷掉。如有介壳虫，应小心仔细清理掉。老皮去掉后，树干肌理变化更明显，线条更清晰，黄色树皮与老干、新枝对比明显。

操作完成后，可涂石硫合剂，对有较多枯干的石榴保护有利；无较多枯干的石榴可不涂石硫合剂，待夏季喷杀菌剂，对石榴生长作用一样。

链条锯、磨光机、电动凿子的使用

石榴桩材在造型过程中，因桩材枝干粗大，用手动工具锯截不易，为提高效率往往用到电动工具，如电动链条锯、磨光机、电磨、电镐（电凿子）、电钻等（图3-25、图3-26）。

用链条锯可对粗大的树干、树枝、大根进行截断处理，用锯尖可对需做舍利干的部位进行粗加工。用时及时调整链条松紧，多往链条上加润滑油。

用电动磨光机，可对桩材粗2～8cm的枝干等进行截断处理；用电凿子（电镐）可对桩材肿大处、平滑处进行切削，死干做舍利进行劈撕作业等；换上钢丝刷，可对加工后的毛刺、腐烂表层部分打磨。

1.电动磨光机的使用。电动磨光机换上木工切割片应用广泛，使用便捷，但因其功率大、转速高，易卡住后快速甩出，极度危险，建议谨慎使用。我自从事盆景制作二十年来，用过各种电动工具，切身体会种种情况，有时受其害极严重。合理使用电动磨光机进行切割、锯截、修整等，会提高作业效率。总结使用经验如下:

（1）使用时，要心平气和，不可急躁，一招一式谨慎使用。

（2）衣裤要较宽松，便于蹲起、伏身等操作。袖口、裤口不可太宽，防转动时卷带衣服。戴松紧厚薄合适的手套，便于握住工具及操作开关。

（3）选用工具开关前置的电动工具。使用时，大拇指尽量在开关处，随时可关闭电源后置的开关，如遇紧急情况，可关闭电器。

（4）要戴合适的平光眼镜，防木屑溅入眼中。

（5）用电动磨光机锯截时，应轻缓前进或后退，太急进退易卡住，机器受阻后极速甩出，极度危险。双手应握住工具，不可一手握工具，一手扶桩材，且操作时，机器正常1m内不可有人扶桩材，紧急情况下，可能无法躲闪。

（6）电动工具使用时，机器头部护罩一定要上紧，否则卡入木头时，护罩会跟着急速旋转，很危险。

（7）调整机器时，一定要断开电源，防止误操作。

2.电动凿子（电镐）的使用。实践过程中，发现用电镐配以各种刀头改成电凿子，用起来安全高效。找铁匠把电凿子改成各式凿子，如平凿、尖凿、弯凿、半圆凿、三角凿等。对不易加工的桩材肿大处、平滑处、呆板处进行加工，功效较快。使用时，视具体情况选用合适的凿子，平稳操作，尤其对枝条较多、加工空间小的位置使用方便，易操作，且不伤树。用尖凿子可对舍利干进行撕裂、撑开等加工，功效快且自然。

第三节　石榴树桩的初级阶段的管理

保温育芽

石榴桩坯，一般在塑料棚中栽植，有利于保温保湿，利于成活。栽后喷足水，用地膜把树桩包裹一层，防止枝干失水。注意棚内温度，太热应通风放气，一般不高于35℃；零下3℃以下时应加盖保温层，避免冻伤。于清明前10天左右，去除树桩身上的薄膜。视天气情况适度喷水。晴天一天喷水1～3次，阴天不喷水。一般到5月上旬即可从锯口、树身上长出芽来。石榴根部易发蘖生芽，应及时去除。

通风炼苗

5月中旬气温逐步升高，要注意通风放气，防止气温过高"烧"树。气温高时，已发新芽变黑，或桩口受伤不发芽。放风时应在避风口处多放，上风口处少放或不放。控制温度在35℃以内，这样利于生长。发芽率90%以上时，逐步放大通风口，进行炼苗。早、中、晚喷水，中午应往盆上、桩上、地上喷水。5天左右把大棚两头放开，之后视天气情况，于阴天或下午把薄膜棚去掉。撤棚后应早晚喷水，以适应室外环境。看盆内干湿，不旱的只喷不浇，干旱的浇则浇透（图3-28）。

初步定芽

新芽长到10cm以上时，适度定芽，去除无用蘖生芽，把同一部位上的芽子去掉一部分，每一部位先留有2倍以上芽，选壮芽、位置好的芽，让芽位高低错落，布局合理。关键部位用铝丝或绳子、铁钉固定，防大风吹掉芽子。对拿捏不准的芽子，可先留着，待以后定芽。在之后的管理中，每月施一次薄肥，催进其苗壮生长。

初芽整型

芽子粗度长到6mm左右时，可初步整型。先把个别没成活的枝干锯掉（留作神枝、舍利干的除外），以免妨碍枝条布局。用小钉先固定枝干上，选择好合适的着力点，用铝丝整枝。粗的枝条，可用胶布先保护一层，不可太紧。也可用破杆剪破干，再行整枝。整后任其生长，适时去除枝条上无用的芽子（新桩整型如图3-30至图3-32）。

图 3-27　长出愈合组织

图 3-28　通风炼苗

图 3-29　萌芽

图 3-30　八月份对新桩进行摘叶

图 3-31　新桩初次整型

此位置极易嵌丝且容易破皮，
加木片可防止嵌丝、破皮

图 3-32　分枝整型细节

二次整型

于当年冬天落叶后到初春发芽前，重新对新桩整型。如有陷丝，应先去除或松开。夏季二级枝条已长出，比较粗壮，应及时枝进行整型。关键部位，注意角度的变化，下部枝条适度放长，让其多见光，利于增粗。树身每个位置的枝条可适度留长，但要注意比例尺度，有利于营养分散，多发小枝，利于形成花芽。等一年后生长均匀再短截或疏稀枝条（二次整型如图3-33、图3-34）。

图 3-33　第一年冬季落叶桩材

图 3-34　二次整枝

局部换土加肥

第二年春天，石榴发芽前，应把盆内陈土挖掉一部分，换上用园土与腐殖质配制好的加上适量农家肥的土。加施化学肥料，土壤易板结，树长势缓慢，要适当掌握（图3–35至图3–37）。

再次调整

第二年夏天应进行再次整型。这次对个别过稀、不到位的枝条进行整型。整后二三十天施肥一次，使树冠逐步丰满。

换土换盆

第三年春天，石榴发芽时可对生长2年的桩坯进行换盆换土。较好有培育前途的桩坯可换大盆或下地放养。换土时原土不可完全去除，应保留1/5左右，以免伤根。营养土一般用充分发酵的鸡粪、猪粪等约1/5，腐殖质（草炭、烂树皮、腐烂秸秆，生产磨菇废料等）约1/5，地表层熟土约3/5，再加少许二铵及磷肥配制而成（大盆换盆法见图3–39至图3–45）。

这样，一株新桩约经过2年多时间的生长培育，已初步成型，当年多数可开花结果。

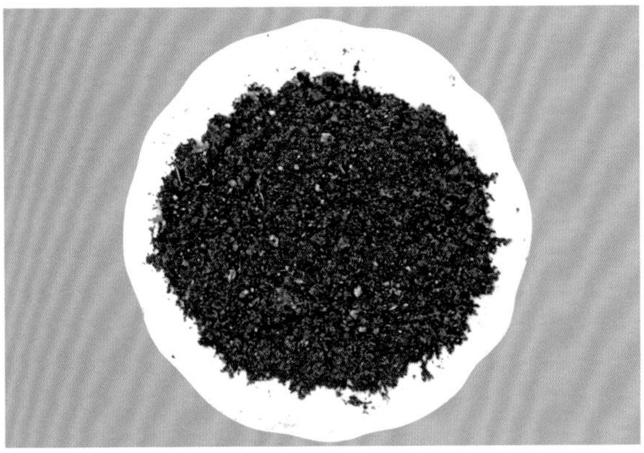
图 3–35　腐殖土

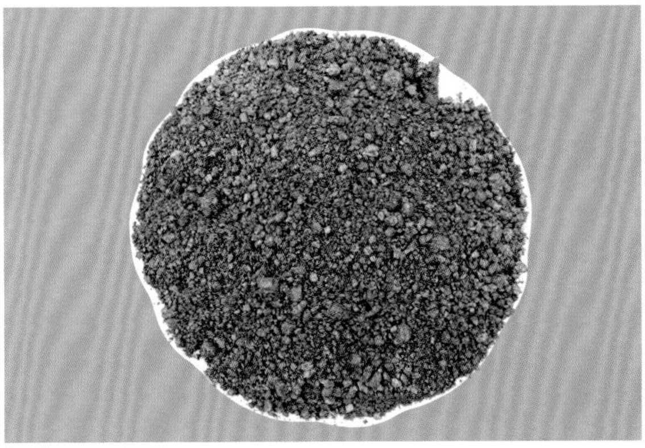
图 3–36　砂土

图 3–37　发酵好的农家肥

图3-38　地面铺10cm沙土，把盆景放倒抬出

图 3-39　拔出树桩

图 3-40　两年根系生长完整

图 3-41　清理根部旧土

图 3-42　清理完毕，旧土约保留 20%

图 3-43　垫入底部营养

图 3-44　将树桩抬入盆中

图 3-45　根系分层放置，营养土填实

光照与放置场所

石榴盆景喜欢光照充足及通风良好而无遮挡物的环境，因此放置场所十分重要。光照不足通风不良、湿度较大都会引起病菌性落叶、烂果等。一般除极端高温外，要考虑到全光照栽培。最低每天不能少于4个小时的光照时间，才能满足其生长需要。因此，光照对花芽的分化、孕育，花朵的开放，果实的生长成熟尤为重要。如光照不足，会引起树势不旺，叶片制造养分不足，影响开花结果，还可引起冬季冻害而伤树。极端高温时应注意及时补水、适度往叶片喷水、地面洒水降温等。果实的成熟，一般需要大约500个小时的光照时间，而每个品种的需光量也不一样，要具体对待，如需延长持果期，可采取减少光照时间及光照强度。如2012年第八届中国（安康）盆景展，10月17日开展时，按常规石榴已过成熟期，但通过遮阴降低光照强度等措施，延长了持果期约15天，保果效果明显。至撤展时，果实仍挂满枝头。

果树盆景冬季花芽形成需要一定低温休眠，通过实践掌握每个品种的需冷量，如石榴需冷量不大，20天左右-2～7.2℃即可满足休眠需要。冬季应注意过低气温对果树的危害，太冷会冻坏花芽、树干、根系，特别在冬季应注意，果树干旱又低温，此时树体生理活动还没办法继续，极易冻坏。

石榴盆景在冬季室内放置时，应勤开窗通风、见光，不可长期放于不见光、不通风的环境内，否则生长不良，易生虫，不易开花结果，严重危及其生命。在不见光照的房间内，最好不超过3天。在冬季暖气房内放置时，因气温高，新陈代谢过快，会提前发芽，发生徒长现象，因没有完成休眠过程，则不开花、不结果。如控制好温度、湿度及时通风见光，也可开花结果。

石榴盆景在室外置于50～80cm高的台上，对生长有利，观赏效果也好，既利于通风见光，又避免蚂蚁、蚯蚓等从盆底侵入危害。

坐果法

石榴盆景属于果树类，应遵循果树的生长规律，满足其生长发育开花结果的条件。应先养好枝条，使其形成足够的花芽，才能孕育出更多更好的果实，这是个系统过程。石榴落叶后，需1个月左右的低温休眠时间，需冷量不宜太大，一般0～7.2℃左右，20天即可完成。

石榴一般在2年的枝条上长出花芽，1年枝条顶端如营养充足光照好，也可形成花芽。石榴树芽分为三种：花芽、叶芽、混合芽。花芽是指往年的枝条上，由4～7片叶子包裹的短粗芽，可开花结果。混合芽是往年生枝条上长出的中等大小的芽子。混合芽有两重性，营养不良可长出叶芽，叶芽不开花；营养太旺盛（短截或极短截造成）又形成“明条”（徒长枝），明条上长出的芽子不开花。只有在营养合理、长势中庸状态的情况下才形成花芽。混合芽，一般开花成“荒花”（尖屁股花）坐不成果，或形成叶芽，不开花。所以要想多结果，应先让枝条形成足够的花芽。只有合理修剪，充足肥水，足够的光照，才有利于花芽形成。花芽一般在小枝上，所以石榴盆景不宜像杂木类盆景一样修剪，否则不形成花芽（图3-46至图3-49）。

枝条应采用摘芽，拉枝、扭枝、刻伤、环剥、短截、中短截、重截相结合。去除树冠内过密枝、细弱枝、过直枝、过旺枝、交叉枝、重叠枝等，有利于盆树内膛通风、见光、花芽分化。应多疏除过强枝。局部枝条过多时，可先拉枝后疏枝，也不宜过多，使内膛太空，树形太散，影响美观。

修剪可在一年四季进行，应与造型、整型相结合。逐年完善，避免不合理的修剪与造型，使之相互矛盾。先考虑造型的需要，让枝条到位，再考虑结果。确定骨干枝（主枝），去掉多余枝，再让小枝结果。遵循先整体后局部、先定型再定果的原则进行修剪整姿。花芽足够了，再根据造型需要短截、疏枝，年久枝密可重新调整枝条。

冬季石榴落叶后，正处在休眠期，是修剪好时节，此时能判别枝条上花芽的分布与数量，把过长多余的花枝剪去一部分。如一根花枝上有一串花芽，可在中间短截，保留前部的花芽结果；如相邻的枝条都是花芽，可疏去过密的花芽。但冬季不可剪去太多枝条、太多的花芽，因为花芽是否开花结果是由各种因素决定的，单凭花芽形态、数量等判断不一定准确，要留有余地，等花期时再看情况决定，应综合考虑。

生长期可通过摘心、扭梢、拉枝、疏枝、抹芽，修剪的方法，平衡营养。光照有利于花芽形成，如光照不足会使叶色浅淡、枝条细弱，不易形成花芽。

花芽形成后，应给盆树以充足的营养，应结合换盆换土施肥。石榴喜肥喜水，1年可施肥5~10次，以磷钾肥为主，多用有机肥、土杂肥（充分发酵的鸡粪、猪粪、牛粪等以及黄豆、豆饼、蹄片、动物内脏残渣等）。另外，生长期可喷叶面肥，有利于补充树体营养。如喷施尿素等，可使叶片肥厚，叶色绿、生长快。喷硼砂、磷酸二氢钾可利于花芽饱满、保果。石榴盆景小盆应2~3年换土1次，大盆4~6年换土1次。大盆如换土不方便，可于初春发芽时挖去部分土（约1/3~2/3）。部分细根、毛细根断一些也无妨。换上土杂肥、腐殖土等配好的新土，以保证充足的养分，达到多发新根的效果。

石榴是多花树种，开花量大，几倍于坐果数量。坐果需足够的营养，营养不足会大量落花落果。要想得到适宜的花量、坐果量，除合适的水肥、修剪、光照外，还需采用人工授粉、疏花疏果，适当使用微量元素和生长激素等。人工授粉取发育成熟的钟状花，用手把花粉弹落到白纸上，用毛笔蘸少许花粉，轻点于钟状的花柱头上。授粉时间，一般在花瓣开放的当天进行。

对花量大的过多荒花，应进行适量疏花，避免过多消耗营养，以使养分集中，提高坐果率。果农有多留一茬花、选留二茬花、疏除三茬花、年年可结果的经验。这样可结果大，果实布局均匀。

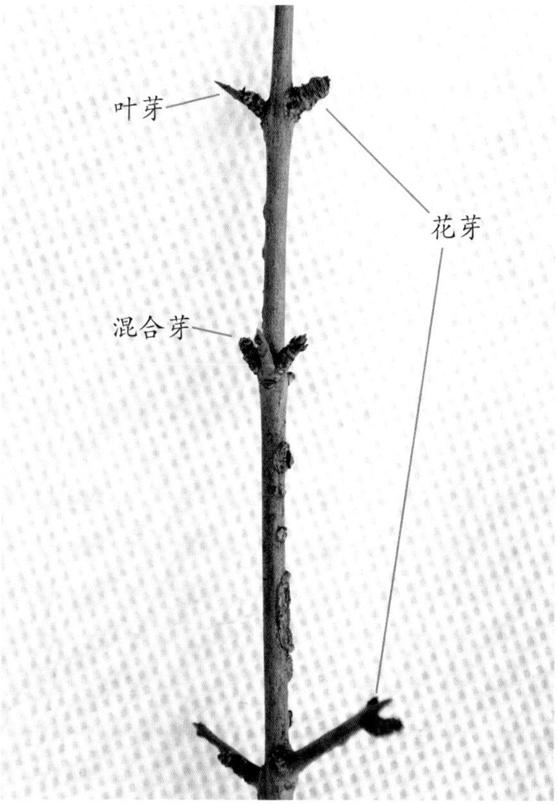

图 3-46　花芽、叶芽、混合芽

图 3-47　荒花

图 3-48　钟状花

图 3-49　钟状花已坐果

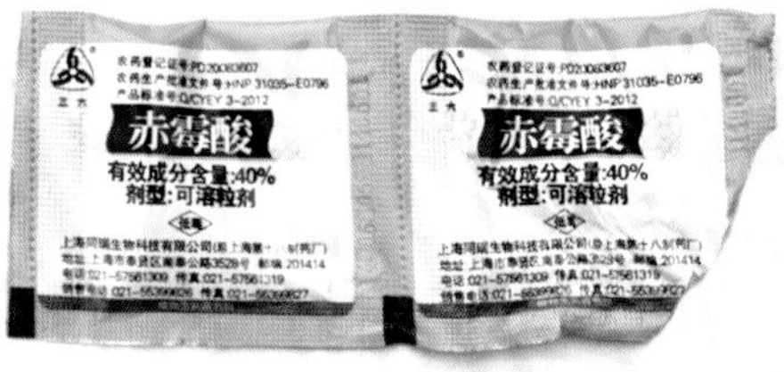

图 3-50　赤霉素

图 3-51　硼砂

花期微量元素及生长激素的应用

1. 喷施0.3%～0.5%的尿素溶液。10天一次，可促使枝叶生长旺盛，减少落果。

2. 于盛花期喷雾，促进石榴挂果洒赤霉素（920）（图3-50）。一般用2g，取1/10，用半两白酒摇晃化开（不溶于水），再加水5kg左右喷雾，3天后再喷一次，花基本不落。喷到荒花上，结出无籽怪异果，像佛手瓜，一般不保留。

3. 喷B9、基乙酸，对石榴坐果极为有利，浓度一般0.3%～0.5%。

4.喷硼砂与磷酸二氢钾溶液。浓度0.3%～0.5%，可促进花芽形成，提高挂果。磷酸二氢钾在后期喷施可促进石榴成熟。如需延长挂果时间，应注意使用（图3-51）。

石榴还应“计划生育”，让果实布局均匀。最佳观赏面位置多留，避免细枝条挂果太多，发育不好，后期易黄叶，还会引起第二年养护不当死枝条或整株死亡的现象。通过疏果也可避免石榴“大小年”现象。由于大年结果太多，树体制造养分多用于果实生长，无力生长出新的枝条花芽待来年结果，使小年的树上无果或结果少。小年因树无结果负担，于是造成大量花芽，在下一年开花结果。应根据树体大小、枝条的强弱及不同品种的结果能力等综合考虑，应大树多留，小树、弱树少留，强枝多留，小枝少留或不留。才能使树保持长势与挂果均衡，避免大小年结果现象。

石榴的保果技术

石榴挂果后随着生长发育，果实逐渐变大并着色，进入观果期。光照、水、肥、病虫害防治、气温等对石榴果实影响很大，应采取合理的养护措施：

1. 适度浇水。石榴开花时，保持水肥均衡，防落果，不可太干，也不可太湿。石榴全天都可浇水，应及时观察是否需要浇水。一般土层表面七成干左右可浇水，不可干时再浇。否则，会引起大量落果。

2. 去除枝叶及疏果。石榴结果后，果实直径约3cm时应及时把紧贴果实的叶片、细小枝条剪去。下层过低的果实，可把所在小枝挂到较高的枝条上，也可用铝丝、绳等牵拉到适合位置，预防浇水时溅水，造成下部湿度大，导致烂果。果实过多时应及时疏果，以利于营养平衡，结出充实保满的果实。

3. 病虫害防治。应坚持“预防为主，综合防治”的原则，挂果后间隔约半个月时间喷一次杀菌剂，防止夏季细菌滋生而导致烂果。可与苯醚甲环唑、大生（代森锰锌）、信生、多菌灵、甲基托布津等混合喷洒。初期用大生防病，中后期用苯醚甲环唑、信生、甲基托布津防治。期间如有虫害发生，可加入杀虫剂。喷药时可少量添加尿素、磷酸二氢钾、硼砂等叶面肥，给树体补充养分。

（1）石榴蚜虫（图3–52）。用吡虫啉防治或用啶虫脒防治。

（2）石榴介壳虫（图3–53）。在树干、成树枝叶上有白色斑块，刮开内层呈红色。介壳虫吸取树体营养，造成枝条衰弱枯死。用含杀扑磷成分的农药治疗。六七月份孵化期进行喷药，10天一次，一般2次可杀灭。

（3）石榴夏季易受桃蛀螟（俗称钻心虫）、石榴巾夜蛾危害（图3–54、图3–55）。用高效氯氰菊酯、爱卡士等防治，石榴对1605、甲胺磷、敌敌畏等过敏，不可使用，如用其他杀虫剂应先实验再使用，使用不当可引起黄叶落叶，甚至植株死亡。

（4）石榴干腐病（图3–56）。雨季为高发期，发病初期及时摘去病果，可喷多菌灵及甲基托布津防治。

（5）石榴根结线虫病（图3–57）。危害石榴的根系，根部形成大小不同根瘤，使根吸收能力差，导致抽梢少，叶片小且黄化，甚至死亡。用线虫必克、苦参碱及阿维菌素灌根治疗。

（6）石榴枯萎病。发病时树干基部细微纵向开裂，剥皮可见木质部变色，横截面可见放射状暗红色、紫褐色、深褐色或黑色斑。少量枝条黄化、萎蔫，后期枝条枯萎。主根及侧根表面产生黑褐色病斑，与黑褐色霉层，肉眼可见黑色毛状物，为枯草芽孢杆菌所致。采用“根腐消”进行土壤消毒，使用杀菌剂咪鲜胺，腈菌唑可抑治病菌。

4. 转盆及转果。定期将花盆旋转180°，使向阳面和背阴面互换，把盆景放于光照充足、通风良好的地方，有利于果实着色。通过挪动枝条、轻转牵拉果实等，使果实见光部分均匀，着色一致。

5. 增加光照。为增加树干下部及内膛部分光照，可通过疏枝、疏叶、铺反光膜，增加补充光照，使树体生长旺盛，有利于果实着色。

图 3–52　蚜虫

图 3–53　介壳虫

6. 合理施肥。叶面偏淡、生长偏慢时，应及时补充氮肥，适当增加补充以磷钾肥为主的有机肥。如腐熟鸡粪、发酵好的黄豆饼、麻渣、生物渣等。把握薄肥勤施的原则。应在晴天施肥，阴天最好不施。后期及时补充氮肥，以防叶片枯黄或干枯。

7. 控制光照法控制成熟期。2012年，第八届中国盆景展于10月20日开幕，27日撤展。这时期枣庄地区石榴多已成熟，可能会随时落果。为避免落果，于7、8、9三个月将准备参展的几盆作品进行遮光处理。让盆景早、晚正常见光，中午少见光，减少光照时间，使之生长放缓，从而让成熟时间推迟1个月，使石榴生理性成熟期得到控制。到撤展时仍果实累累，达到参展目的。

8. 通过激素延长挂果期。果实成熟时于果

图 3-54　桃蛀螟幼虫（摄影：赵艳莉）

图 3-55　石榴巾夜蛾（摄影：赵艳莉）

图 3-56　石榴干腐病病果（摄影：赵艳莉）

图 3-57　石榴根结线虫病（摄影：赵艳莉）

图 3-58　石榴褐斑病病果（摄影：赵艳莉）

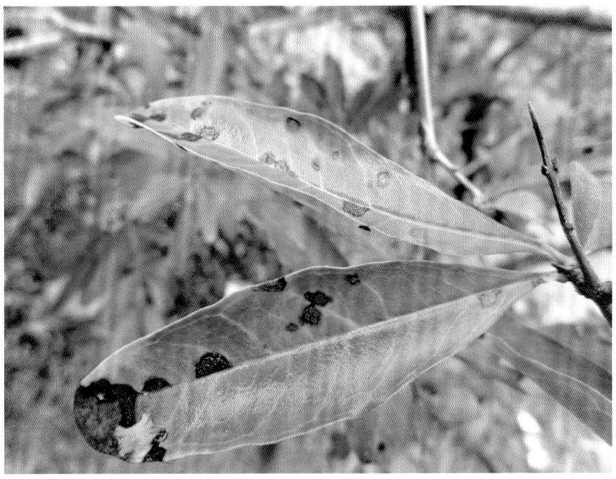

图 3-59　石榴褐斑病病叶（摄影：赵艳莉）

柄处容易脱落。用棉签蘸较高浓度的920（赤霉素）溶液轻抹果柄一圈，可防脱落，效果明显。果实上不抹，否则容易倒青，影响观赏性。

9. 刮皮保果。果实成熟前十天，剥刮果柄后端外皮，可防果实脱落，裂果。由于成熟期气温降低，中午气温高，早晚温差大，气温变化较大，果实籽粒继续膨胀，而外皮生长见缓，易裂果。用小刀刮去果实后边果柄树皮（大果去除80%、中果去除50%、小果可不去），防控效果明显（图3–61）。

10. 冷室或房内保果。初冬下霜时，把石榴盆景移至室内或温室，控制气温不宜太高（20℃以内），亦不可长期低于-2℃。适当通风，果实可在树上挂一冬天，有时到春天树快发芽时，果实依然挂在枝头。不过，应注意挂果不要太多，以免过分消耗养分，影响第二年开花结果。一般到春节后摘去一部分，对树体影响不大（图3–62）。

11. 石榴保护运输。石榴盆景运输，必须用厢式车或篷车以防强风吹干叶片。并且要及时补充盆内水分。由于路途颠簸，常造成果实碰撞而引起掉落、碰烂。应采用软布、软纸双层把果实包住，外边用塑料袋、网兜包裹，并往上稍提拉，让果柄减少受力。个别枝条细弱，果实多，应用绳子、竹竿等把枝条加固，以防枝条断裂下来。盆下面用沙子或软垫垫好，盆子之间用泡沫、毯子等隔开，预防意外（图3–63、图3–64）。

图 3–60　石榴疮痂病（摄影：赵艳莉）

图 3–61　刮皮保果

图 3–62　温室大棚保果法

图 3–63　运输前包果保护

图 3–64　运输前包果保护

第五节　石榴防冻与保温

在枣庄地区11月初，气温逐步下降且有霜冻。晚上气温有时低于0℃，白天8～11℃，这时石榴叶片大面积变黄落叶，树液流动缓慢，生理活动微弱，根系吸收水分减少，此时进入休眠状态。随着气温的变化，给石榴盆景保温防冻势在必行。历史教训是十分惨痛的，如下表。

表 3-1　石榴冻害历史调查表

年份	最低气温	石榴冻害情况
1929	－25℃	山上山下大部分冻死，冻伤，只有个别山凹处受害少
1948	－22℃	平地大部分冻死，山上冻害少
1954	－20℃	平地大部分冻死，山上冻害轻
2015	－19℃	晚秋下大雪，3cm 以下 80% 冻死，大树 50% 以上枝条冻死冻伤，盆景未及时进棚，部分未落叶、长势弱的小盆大部分冻死，中大盆冻伤枝条严重

枣庄地区用石榴制作盆景约在19世纪80年代初开始，90年代初随万亩榴园开发，盆景作品在国家级、省级展览中不断获奖，石榴盆景进入快速发展阶段。由于经验不足，有时疏忽大意，造成部分盆景不保护或保护不当，如冬季不浇水或浇水不足、保温不好、倒春寒冻害、冬季放入气温过高的暖棚或室内、出棚早等造成死枝或死亡。最严重的2015年11月24日天降大雪，地面积雪40cm。此时有30%左右石榴树未完全落叶休眠，雪后有的虽然进了大棚温室保护，但春天大部分小盆石榴还是被冻死了，中型、大型盆景死枝严重。整个枣庄及泰安、济南、苏北、安徽北部，石榴树苗大部分被冻死，中大型石榴树部分死亡或大面积死枝。因此，石榴树（盆景）保温一定要格外注意（图3-65至图3-67）。

措施1，管理上坚持促前控后的原则，做到未雨绸缪，防患于未然，抓好前期综合管理，促进春夏旺长。9月中下旬控制氮肥用量，多施磷钾肥。也可在9月后期喷多效唑溶液，控制秋梢生长，进行营养积累，提高枝条木质化程度，增强越冬抗寒性，以防冻害。

措施2，提前及时把石榴盆景集中起来，如遇突然降温，温度低于-2℃以下时，及时盖棚，盖保温材料，或搬往室内防冻。

措施3，冬季加盖保温材料。古书《齐民

图 3-65　受冻皮层变深褐色

图 3-66　受冻树干开裂

要术·安石榴》记载："十月中，以蒲藁裹而缠之，不裹则冻死也"，《农桑衣食撮要》中记有"以谷草或稻草将树身包裹，用草绳或苘麻拴定、泥封，以糠秕培壅其根，免致霜雪冻损"。说明古人当时对石榴防冻就有充分的认识，并采取有效的方法防冻了。石榴树根部应覆土10～20cm，用毡毯、草帘、薄膜覆盖保温。有条件的进温室，无条件或个体较大时，可选避风向阳处埋土防冻，注意埋土前一定浇透水。初春气温回升时，检查补充水分。树干可包裹草绳、布、毯等保温防风，有条件的可在北、西、东三面做防风障保温，个别单棵盆景、景观树可单做温棚保温（图3-68、图3-69）。

措施4，控制温室气温。放置盆景的温室大棚、房间，一般保持0～9℃可满足石榴越冬需要。气温过高，不利于充分休眠，还会提前发芽，枝节变长，出室后降温易受"倒春寒"冻害。大棚温室白天气温过高时，应通风，以免气温太高闷热灼伤枝叶（图3-70）。

图 3-67 大田石榴树干保湿

图 3-68 室外包裹花盆

图 3-69 室外包裹花盆

图 3-70 枣庄市驿城区万景园大棚保温

第六节　石榴嫁接方法

嫁接是植物无性繁殖的一种主要方法。剪取母株上的一段枝条或一个芽，接到另一植株上，使之结合成新的植株。在人们的生活生产实践中，嫁接对品种的改良、新品种的获得、保持品种的优良特性、克服有些种类不易繁殖的困难、抗病免疫、预防虫害、果树矮化乔化、提高产量和品质、提高经济价值和观赏水平等都有着十分重要的意义。《花镜》一书中用生动形象的语言说明嫁接可以改良花木品质“花小者可大，瓣单者可重，色红者可紫，实小者可巨，酸苦者可甜，臭恶者可馥……”。盆景嫁接除了具有上述所说的意义外，其实也是一种造型的方法与手段。

嫁接法

常用的嫁接方法有靠接法、切接法、腹接法、插接法、芽接法等。盆景嫁接可分为造型前和造型后嫁接。石榴盆景有的品种不理想，如颜色不鲜艳、品种口感不好、坐果率低，如想换上比较新奇的品种，就需用嫁接技术了。通过枝接、芽接等可使原来的青皮换红袍（大、中、小红袍）、口感差的换上‘大马牙’或新品种‘秋艳’（超大籽）、换上牡丹花及玛瑙石榴、换上花期长、挂果多的“小果石榴”（红花、黄花、白花），也可在一棵树上接上不同品种、不同花色，以提高品质，延长花期、挂果期，使观赏效果更好（图3-77）。嫁接时间，春、夏、秋均可进行。要提前采好接穗埋入湿沙中，视砧木情况适时嫁接。嫁接一周左右芽头多数可慢慢长出来，一部分在薄膜内长不出来，这时需用利刃于阴天或下午挑开一点，让芽头长出。要及时去除嫁

图 3-71　削接穗

图 3-72　劈接

图 3-73　绑扎

图 3-74　新芽已长出

接口下的萌发芽，防止营养分散，影响成活。此时浇水相应减少，不可太湿，防止上部芽少，吸收弱，引起烂根甚至死亡。

石榴盆景制作中，有的部位缺枝，可用靠接法补枝。补枝前，提前预留一些枝条，靠接到所需的位置上。如无可用预留枝，可找来其他小苗，小苗带盆放于盆中，或同穴种在需嫁接的盆中。靠接法可嫁接粗度5～6cm枝条，只要靠接到所需位置有活的皮层都可行。用凿子、电锯开一合适凹槽，长宽应考虑造型及角度。靠嫁枝条一般3～10cm，把枝条两侧或一侧削去部分皮层及木质部，让凹槽形成层同枝条形成层对齐，再用小钉固定，50%的部位对齐就可成活。靠接部位可加一点愈合剂，对保湿愈合有利。接口用嫁接带或黑胶布裹扎，约1个月就可成活。如不妨碍观赏，下部枝条不剪，让其充分生长愈合后，再逐步去掉（图3–71至图3–74）。

嫁接初期，少往接口处淋水，不利于成活。接根法同靠接枝条法类似，大的树枝扦插培育盆景不易活或活不好时，可在树枝下部插皮接或靠接小树，让其成活，这样可节省桩材，提高树桩利用率。另外，一株石榴桩通过老枝扦插、嫁接等方法可培育出几十棵盆景桩材。

当石榴盆景太老或活的皮层太少时，可通过枝条靠接补充皮层、串联皮层，达到增加皮层水线数量与宽度的效果，让皮层水线相互联通，均衡营养。等生长一段时间，让枝条粗度充满凹槽，再通过击打、刮皮等方法把皮层水线做老，增加肌理变化，提高观赏性，使其更具韵味与生命力（图3–75、图3–76）。

图 3–75　靠接：补芽位

图 3–76　靠接：串联皮层

图 3–77　通过嫁接，一盆达到 4 个品种

当根系太差或有缺失时，可通过嫁接法进行补根，用插皮接或靠接法都可。

粗枝扦插法

石榴小枝扦插极易成活，但栽培周期长，而粗枝扦插有一定的难度，但成型快，且能充分利用资源。

1.插条的剪截。粗枝扦插的枝条多数来自截桩剪截下的枝条。要选择健壮、富有变化的枝条短截，粗度一般5～30cm，底部锯成45°斜口，再用利刀把锯口剥平备用（图3–78）。

2.插条的浸泡处理。用清水或生根剂兑水皆可。浸泡时间不少于24小时。浸泡后把枝条捞出控干立即扦插或窖藏待插。

3.扦插用土。干净的河沙或沙质土壤都可。扦条少可插在适当的素盆中，浇透水，覆盖塑料薄膜，放置在棚中。如插条多，可选择向阳处制畦扦插。

4.扦插方法。斜扦深度为插条的3/4。同样用塑料膜覆盖保温保湿，保温以不结冰为宜。发芽后揭去薄膜，注意遮阴保湿（图3–79）。成活后及时移栽。

粗枝扦插的桩材极易培养出形态各异的盆景，能起到事半功倍的效果（图3–80）。

图 3–78　截好的粗枝

图 3–79　粗枝苗床扦插

图 3–80　此株扦插 12 年，扦插根系粗度已至 2cm

第七节　石榴盆景的浇水

自然界中的石榴树比较耐旱。而作为石榴盆景，由于受盆体、放置环境等方面的影响，加之除满足其正常生长外，还要开花结果。因此，水分管理尤为重要。石榴发芽前后，是植株萌发生长孕育蓓蕾期，此时需水量较大，要及时浇水，否则，养分不能有效输入，影响花蕾的形成。花期与幼果期要适时浇水，不宜过干过湿，盆土干湿度掌握在6成左右为宜，不然将造成落花落果。石榴盆景结果后，因其负担重，在及时浇水的同时，应不定期地添加少量肥料，以补充养分，满足其生理需要。

盛夏高温时，中午亦可浇水。有人担心气温高水凉对植物生长不利。其实植物有适应性，水有助于降低盆土温度，补充叶片所需水分，对生长有利。

小盆石榴盆景，可放于砂床上，利用其盆底“偷生根”吸水，以补充其所需水分。还可把小盆放入大水盆或水桶内浸盆，让其充分吸水后再放于砂床上。

石榴除根部吸水外，叶片、树干也可吸水，初植新桩，天气干燥时，可往树上喷水，以冲掉表面的灰尘，利于植物恢复及生长。

石榴盆景干旱时，嫩叶嫩芽因脱水萎垂，这时应轻度及时浇水使其恢复。严重时，可放于水盆内浸水2~3个小时，使其充分吸水后，放于阴凉外，并多次喷水即可恢复。更严重时，应把植物枯死的枝叶全部剪掉，减少水的需求量，或放于阴凉处，不断喷水，让其慢慢恢复。

石榴盆景秋季快落叶前，可适度“扣水”，即适度减少浇水次数，让盆土稍干一点，有利于来年开花结果。

石榴盆景冬季落叶后，盆土应保持湿润，太干易受冻而损伤。如放于温室或室内，要经常检查盆土湿度，干即浇，浇即透。

如下雨天，水量大，应检查排水情况，以免积水而烂根。个别透水不好的，可把盆倾倒让其排水。下小雨时，盆土表面虽潮湿，下部仍处于缺水状态形成“悬水”，仍需浇水。总之，石榴盆景浇水，一定要遵循适度浇水的原则，满足其生长需要。

图 3-81　榴园盛景（摄影：夏幼兰）

第八节 石榴盆景的用土与换土

石榴盆景的用土

石榴盆景因枝叶繁茂，需较多水肥才能形成花芽，使之结果累累。所以需要蓄水性能好、吸肥力强、土壤元素有机质含量比例较高的培养土栽植。

石榴新桩种植时，因须根少、粗根截口大，要用不含肥料的素砂土种植，以利于透气，生根。待成活1～2年后再换上营养土。

石榴对土壤酸碱度要求不高，在pH5.5～7之间，在含石灰质略带黏性土中生长良好，土中有小砂质或碎石子更好。成活后树桩的配制要用含腐殖质、有机肥土壤种植为好。腐烂的落叶、动物粪便，堆积在一起，充分发酵，腐熟后可使用，其肥效丰富，蓄水性强，可改善、疏松土壤。可作为基肥，肥效长（图3–82）。

石榴盆景春季换土时，可加入约1/4动物性有机肥，1/4左右腐叶土，2/4好园土及少量的复合肥配制。此土有含肥量高、肥效长、保水性能好、透气性好等优点。夏季加少许复合肥，或在盆土表面撒一层有机肥或复合肥，可满足全年生长需要，利于形成花芽果。

石榴盆景的换土

石榴盆景经几年的生长，大量的根系布满花盆，根系致密而土壤板结，须根延盆内缠绕生长。土壤中各种肥料元素缺失，造成植株长势不好，不利于开花结果，严重时会造成衰退死亡。因此，石榴盆景按时换盆十分重要。

图 3–82　肥料堆积发酵

1.换土的年限。要根据栽植年限、用土、盆的大小、树种的大小不同而灵活掌握。一般小盆比大盆换土要勤，砂质土比壤土要勤，结果多的树换土要勤，一般2～4年换土1次，其间可局部换土。大型石榴盆景因用盆较大，换土较麻烦，可每年春季发芽前，用花铲等工具去除四周部分旧土，约占20%～50%之间，充填上配置好的营养土即可。换盆时把树从盆中取出，去除部分旧土，再用营养土栽植。此外，个别生长过于旺盛的盆景换土时可多去除一部分根系，剥弱树势，让其长势中庸，有利于开花结果。

2.换土时间。一般以春季树萌动刚发芽时为最好。换土太晚，因树发芽，又损失大量根系，对生长不利。

换土时，根据植株的大小、高矮、形式等选用合适的花盆。刚培养的桩坯用盆多为泥盆或水泥盆，成型的盆景可换上紫砂盆或色泽艳丽的釉盆，使之相得益彰。

3.换土的步骤。步骤依次是从原盆中取出、去除旧土、栽植、固定浇水。

（1）从原盆中取出。一般可把盆子放倒，轻磕盆沿，使盆土与盆分离，再小心把树从盆中拉出来。宽口盆易把树拉出，窄口盆（卡口盆）可用小铲、螺丝刀去除四周旧土，把“大肚”部分土挖掉，方可取出。大型盆景因盆大，放倒时应注意盆土太重把盆压坏，应在盆沿下用旧土或毡毯铺垫好。为防拉树时损伤树皮，应先用毯子等包裹好树干。

（2）去除旧土。一般换土时应去除旧土1/3～2/3之间，要灵活掌握。旧土也不可去太多，太多会造成发芽晚、生长不良，严重时死亡。去除旧盆土时，把病根，过密的根、长根及底部太深的根剔除。一般先去底部，再去周围，灵活掌握去除旧土的深浅、大小。

（3）栽植。先用纱网盖住盆眼，在纱网上放透水性能好的粗砂土，再往盆中加营养土。根据盆的深浅、土球大小，再把盆树放在盆中合适的位置。加土时，根系应分层理顺，不可把根系一下盖下去。根系堆在一起不利于生长。然后用小棍把土捣实。盆土一般低于盆沿，利于浇水。

（4）固定浇水。换盆后，对个别不稳固的树应固定。用棍子、石头、绳子固定好，再浇水。浇水时让盆土充分浇透。个别大根盘的盆树，应仔细捣实，以防底部不易进土而形成空洞。换盆后的盆景因根系损伤，不可浇水过勤。要经常往树体上喷水，有利于恢复生长。

图 3-83 《榴乡情》 作者：张忠涛

第九节 石榴盆景枝条的放养

盆景跟其他收藏品不同，它是不断生长变化的，随时间的流逝，几年，几十年，它会给你不一样的光景。时间是雕刻家，它不断给富含生命力的盆景进行造化。独特的雕刻，让盆景富有年功，让盆景根盘更完整，枝干过渡到位，整体协调丰满，不断生长数年的光景，不是造型手法能改变的。

石榴盆景的桩材大多是野生下山桩或果园淘汰桩，进行矮化锯截栽植成活后，在截口或粗大的树身上发出的芽，与树体、树枝的粗度不协调。因此，就需对枝条进行放养。石榴等果树的放养方法分地养或大盆放养。放养的方法是定向培育、肥料促进、牺牲枝的合理运用、枝条平衡生长等。

定向培育

即枝条按需要的方向角度生长，对桩坯放养时，需对枝条蟠扎或牵拉到位。如不进行造型干预，枝条多直立生长，无观赏价值。当枝条粗度长到预想粗度的80%～90%时，可进行锯截，进行第二级枝的控育。有的枝条可一级、二级枝条同时放养，待粗度合适时进行短截，截后对后一级枝条再蟠扎放养，一般一、二、三级枝条长合适可上盆培育小枝、细枝了。

肥料促进

放养的桩坯在地栽或大盆内生长需较多水分、肥料。在树种耐受程度内，适度加大肥料用量及次数，以满足生长需要，生长期可15天左右加肥1次。

牺牲枝的运用

桩坯栽植后，蟠扎的枝条上长出很多壮枝，在其不太密的情况下应多留，让其充分生长，充分利用其光合作用制造较多养分，促进枝条增粗、截口愈合及皮层加厚。到冬季休眠期，可适度将新生枝修剪掉50%左右，以利枝条、小枝分化成花芽，萌生新芽以供来年生长。

枝条平衡生长

枝条由于受顶端优势等影响，下部枝条长势缓慢，为使枝条平衡生长。因此，需抑制上部枝条生长，给下部枝条创造更多的生长空间。待生长1~2个月后，将上部枝条截短，去稀，让下部枝条见光通风快速生长。顶枝或个别枝达到一定的粗度时，可一年多次修剪，让另外枝条放开生长，待枝条都到位以后，即可上盆培养（图3–84、图3–85）。

图 3–84　盆景桩在简易棚内放养

利用牺牲枝，促
进下部枝条生长
顶枝顶端优势可
多次修剪

图 3–85　放养桩冬季落叶状态

第十节 用小苗培育盆景

因保护自然环境，不提倡采挖桩材，可用于做盆景的野生桩材越来越少。2004年泉州第六届中国盆景展上，提出“泉州宣言”，意在保护自然资源，不破坏自然环境，不挖古树、大树等。新社会人类居住面积变小，社会步入老龄化，对小盆景需求越来越大。石榴作为小众果树，资源相对稀缺，用小苗培育盆景，生长迅速，长势健壮，如管理好、方法到位十几年亦可长出大树桩。

用石榴小苗育盆景，一般选用颜色鲜艳的

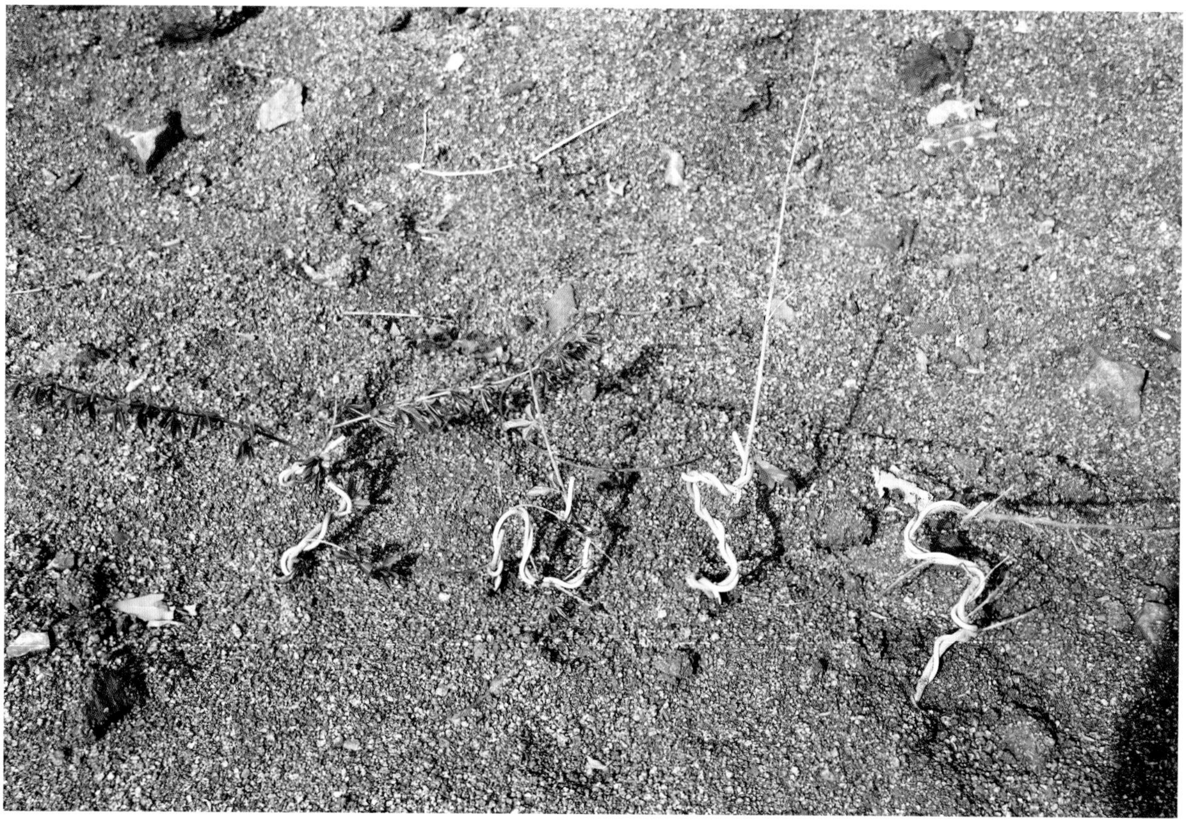

图 3–86　小苗造型后地栽培育

‘大红袍’‘小红袍’及相对稀缺的新品种，如‘秋艳’‘红看石榴’‘墨看石榴’‘榴缘白’等。

选用1年生小苗，一般粗0.6cm左右，用麻绳或铝丝整型。要求不高时，用麻绳拉几个弯，一般3个月不会腐烂，随生长可定型，且不需松绑。用铝丝整型方便易到位，一般春季整型，秋冬季解去，并及时去除无用的根蘖生芽，让需要生长的枝条生长，一年需多次检查修剪。随生长，可根据年限对达到要求的枝条短截，对不恰当的枝条再次牵拉到位。并灵活运用肥料调控生长速度，及运用部分“牺牲枝”以利于桩材长粗，达到过渡理想目标后，可对桩材短截，长出二级、三级小枝再上盆，这样可缩短培育时间（图3–86、图3–87）。

图 3–87　小苗育桩 8 年的重瓣‘榴缘白’小盆景

第十一节 粗干、粗枝的整型及改作

粗枝整型

盆景制作中，往往有较粗的枝干不理想，过于臃肿、僵直、呆板、缺少变化。可通过整型使其有弯曲变化，看上去曲折自然，达到线条流畅的效果。枝条粗度小于2cm时，可直接调整。先固定枝基部（锯口外萌芽易掉，先用铁钉钉到主干木质上，或用铝丝同主干绑在一起，等整枝成功后再去掉），用铝线缠绕到枝条上，调整位置。枝条大于2cm，小于4cm时，可考虑用破杆剪破干。破口十字交叉，也可纵向破口长一些，然后用胶布缠绕破口，缚上适度的铝丝，慢慢牵拉到位。粗度大于4cm以上时，需用电钻、电锯破干后把枝干中木质去掉一部分，然后用黑胶布保护皮层，有时为防断裂，可在枝条两侧加衬粗铝丝，以缓冲保护枝条，以免断裂。调整时稍旋转枝条，找准着力点角度、走向，慢慢调整到位（示例一图3-88

图 3-88 去除直立枝条下部部分木质

图 3-89 用破杆剪破干

图 3-90 胶布保护牵拉到位

图 3-91 此桩材由 6 年前老枝扦插而成，疏于管理，茎部粗约 9cm

图 3-92 主干僵直无变化，下部枯死，上面皮层宽约 8cm，上下 4cm，用破杆剪去除部分木质

图 3-93 用打磨机把皮层下部木质去除，形成凹陷，使皮层变薄

至图3-90，示例二图3-91至图3-98）。

调整到位后，枝条前端一般不修剪，任其生长。枝条越旺长，光合作用越大，对伤口恢复愈合越有利。

对于改造悬崖盆景，高干垂枝，高树变矮，进行调整枝干，可增加力度、流畅性，使一平庸之材变废为宝。一棵树往往枝条分布太平淡，看上去无味道，通过调整大枝条，可增加其亮点。有几个有力度、曲折的枝条，整个作品就有年代沧桑感。

图 3-94　用两根四号铝线附丝，可防止整型过程中突然断裂

图 3-95　用黑胶布（帆布）缠绕，以保护皮层

图 3-96　枝条着力点用双木片保护，防止牵拉时损坏皮层

图 3-97　对粗约 4cm 的分枝破干易于调整

图 3-98　用粗铝丝固定在盆下部，缓慢把主干牵拉到位。顶枝向上调整，以体现逆境向上的精神。对小枝进行整理，再任其生长，促进伤口愈合。待一年后再提根换土换盆

石榴盆景的制作过程

2016年6月23日，第二届中国盆景高级研修班暨第二期盆景制作技师培训班在江苏沭阳举行，期间笔者对一盆石榴桩材进行创作。这盆石榴桩材，粗15cm，双干斜栽。按常规一般把它做成双干垂枝式。为表现其动态感，笔者尝试着把它做成近似临水式（图3-99、图

3-100）。

1.调相处理。将原盒双干下部用木块垫高，至适当位置。使呆直无力的主干趋于挺顺自然，副干上扬便于做弯（图3-101）。

2.拿弯。这盆桩材制作难点是底干的拿弯处理。石榴枝干生硬，拿弯时极易拿断，况且5cm粗度，干下部1/3枯死，给拿弯带来一定困难（图3-102）。拿弯时为防止拿断，将拿弯处枯死部分用凿子把木质剔除，用两根5#扎丝顺干固定至着力处，再用胶布缠裹好，用整枝器慢慢将干压至适当位置固定。

3.蟠扎。遵循互让互盼的理念，副干枝条除顺势延伸外，顶部略向主干伸展。主干冠的枝条适度低垂，不压抑副冠为准，结顶要趋于自然，背景枝不宜过重，否则，景致不深，重心不稳。缚丝后必须把较粗的枝条稍旋转，这样不易断裂，使其柔软后，再慢慢蟠扎到位（图3-103）。

石榴盆景与其他类盆景的区别在于，除形体美外，还要考虑结果，因此，蟠扎以引领枝为主，一般枝顺从，不必枝枝蟠扎，这盆普通的桩林通过调相、拿弯、蟠扎、骨架基本形成，双干、双冠互为一体，比例适当，有较强的动感（图3-104）。

图 3-99　桩材正面

图 3-100　桩材反面

图 3-101　顶枝局部

图 3-102　下分枝去除部分木质，粗 5cm

图 3-103　桩材整枝背面照

图 3-104　完成正面照

第十二节　石榴盆景干的修饰

石榴桩材多数来自山采与果园淘汰的老桩，死干呆板、臃肿，或因虫害、机械损伤、锯截等造成树体残缺不全。一般通过加工、修饰，将这些死干及残缺部分打造成自然风化的效果。

石榴树干的修饰，原则上把不美的部分进行修饰，使其露出自然纹理。一般树桩成活两年以上，旺盛生长了，即可进行制作。有的部位过于肿大，可利用电动工具先切除一部分，再用勾刀、凿子等顺纹理劈拉，让其有深浅、空灵、大小沟槽结合有变化。再用钢丝刷，顺木纹刷去毛刺即可。也可让其自然风化之后，再用钢丝刷（圆刷、扁刷、尖头刷等）顺木纹打磨。一般临近皮层部位周边，要比皮层薄一层，可让皮层显得鼓起，有力度感、年代感。部分有可能存水位置，可用电钻、修边机等把其做透，使其不积水，以免后期腐烂（图3-105至图3-109）。

打磨自然后，用石硫合剂兑水3～5倍。先把要刷部位用清水喷两遍，再涂抹，易于着色，刷2遍即可。一般2～3年涂抹1次。

图 3-105　未经处理的石榴老桩

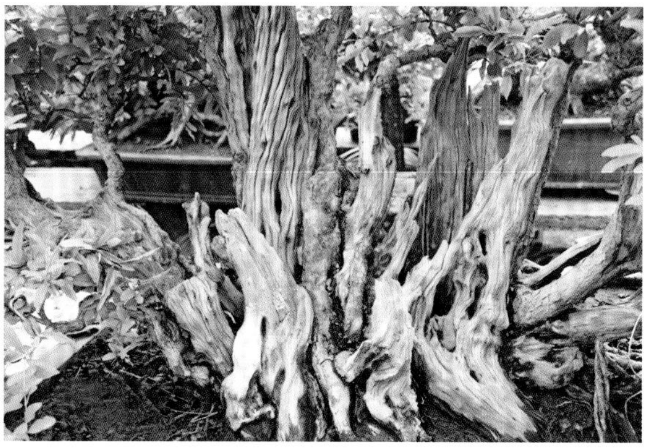

图 3-106　用各种工具处理后的树干

图 3-107　涂抹石硫合剂后的树干

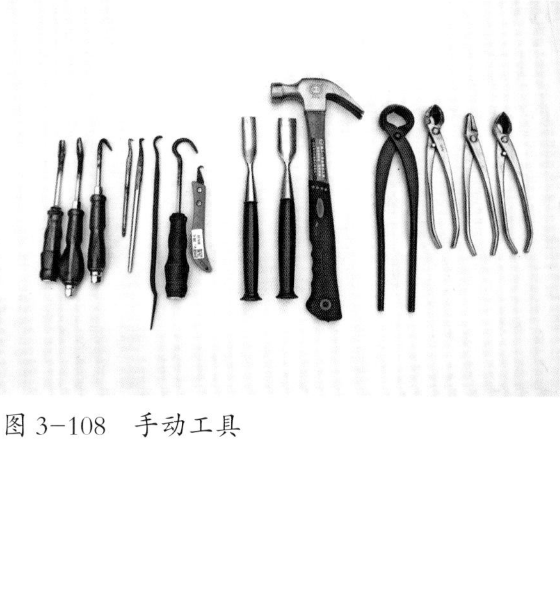

图 3-108　手动工具

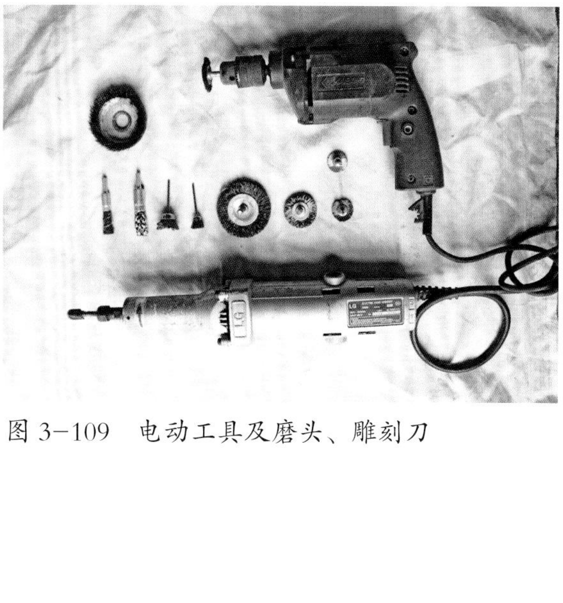

图 3-109　电动工具及磨头、雕刻刀

峄城石榴栽培历史悠久，已有2000余年的栽培历史。据史料记载，公元前36年，汉朝丞相匡衡从皇家御苑中把石榴移植到家乡“丞县”（今枣城市峄城区）。20世纪70年代末、80年代初，由民间艺人逐步把它制成盆景，供人观赏。改革开放30年，延续发展了直干式、斜干式、临水式、曲干式、悬崖式、枯干式、丛林式、附石式、象形式、文人树式等，向着一树多元化类别发展。并已融入日益发展的盆景大潮之中，它的影响远及海内外。

石榴盆景创作的原则要师法自然，比例恰当，顾盼呼应，枯荣相济，巧拙互用，平中见奇，达到情景交融的效果。

直干式

直干式盆景树干直立，粗细适中，稍有变化，略有弯曲。根盘完整，树皮苍老斑驳，枝条布局匀称。直干式石榴盆景制作分为两种，一是小苗培养而成，二是桩材制作，多以下山桩为主。因小苗培养需时太长，费时费力。但经过小苗培养的直干式石榴盆景严谨，有岁月感（图3–110、图3–111）。

制作手法简洁明快。可借鉴岭南派大树型技法，重点突出高大沉稳、自然向上的特点，结顶要自然，挂果要均匀。一盆好的直干式石榴盆景虽足不盈尺，但有高耸入云、古木参天的神韵，给人以沉稳庄重的感觉。

图 3–110　《大地情深》 高 95cm

图 3–111　《拂云擎天》 高 62cm

图 3-112　《争艳》 高 92cm

图 3-113　《沧海横流》 高 88cm

斜干式

斜干式盆景造型较为常见。它与临水式造型较为接近，不同的是斜干式树干的倾斜度高于临水式。树干向盆的另一端倾斜，树与盆面一般形成40°左右的夹角。身干要求有一定的弯曲变化，尤其是上部与根的关系。与直干式制作手法接近，多以大树型为主，采用飘、跌枝的平衡法，或用根的拉拽法达到重心平衡。斜干式盆景制作时要求险中求稳，只要掌握好平衡关系，利用枝与根的配搭，即可制作出各式各样的造型（图3-112、图3-113）。

临水式

临水式盆景其特点是树干倾出盆外，偏向一方，贴近水面轻微上扬，以求得生长重心的平衡。栽培时要求重心要稳。一般情况下栽植时尽量往临水干的相反方向靠近。或有意提高根位，或用压石、聚果的方法使其重心平衡。临水式树冠少居盆上，多出盆外，又临水面，飘逸潇洒，动感十足，加之果实攒动，树水一色，使人心旷神怡（图3-114、图3-115）。

图 3-114　《十里榴火》 高 90cm

图 3-115　《秋醉》 高 105cm

图 3-116 《岁老冠娇》 高 118cm

图 3-117 《起舞》 高 80cm

曲干旋转式

曲干旋转式石榴盆景，多取材于自然桩坯。一般桩坯难以实现，树龄一般几十年或上百年。除自然弯曲外，呈有规则式旋转。多数桩坯逆时针旋转，形成原因不详。此类桩材适合做高干垂枝式，制作时注意干略倾斜，1/3处出枝，一般情况枝条下垂不得超出1/2，要培养出领衔枝，以增强树势及观赏点。曲干旋转的树姿本身就富有变化，加之错落有致的垂枝上镶嵌着星罗棋布的果实，极富诗情画意（图3–116、图3–117）。

悬崖式

悬崖式石榴盆景，大树悬崖少见，中小型较为多见。后者多为人工培养，故意拿弯造势，逐步完成。自然界悬崖树式的形成，多为外因迫使而致。比如悬崖峭壁的影响、山石的埋压、洪水冲刷、山体的遮挡、风力作用等。干长超过盆底的称大悬崖，不超盆底的称小悬崖或半悬崖，是难度较高的造型形式，在制作悬崖式的石榴盆景时，要注重借鉴。首先注意根与干的协调，干与枝的布局，够做小悬崖的而不做大悬崖，不要牵强，否则会事与愿违。制作完成后，为加速其生长，依据石榴喜光的特性，可把盆卧倒，让下部枝干往上生长。上部枝条多修剪，下部枝条适度放长且少修剪。经过细心培养，一盆身在危岸、险而不惊的石榴盆景展现在眼前，昭示着不怕艰难困苦、顽强抗争的精神（图3-118、图3-119）。

图 3-118 《捞月》 飘长：65cm

图 3-119 《醉卧云间》 高 65cm

图 3-120　《峥嵘》　高 88cm

图 3-121　《春华秋实》　高 88cm

枯干式

枯干式多以表现苍老古拙的形象，自然界枯荣并存，显示其历尽沧桑、时光久远。通过枯荣对比，象征生命与死亡的抗争，把生命的活力与岁月的年轮在作品中再现。其树干多枯朽，有的树心朽至全空，有的木质部裸露，形成舍利，仅剩部分“水线”（韧皮部）。但由于生的渴望，在仅存的水线上又长出新的枝芽，燃起生命的希望。它的特点明显，生与死、枯与荣交织在一起，给人以枯木逢春、返老还童的无限遐想，也充分表现大自然生生不息的精神。制作上注重枯，但重点表现荣，而荣的部分要昌盛不华贵。一枯一荣极大的反差，本身就是一道风景，加之挂以石榴，使人回味无穷（图3-120、图3-121）。

丛林式

丛林式盆景是以表现原野风景为主的盆景形式。多以组合形式为主，植树3株或3株以上，多以奇数组栽。如用树多，也不计奇数偶数。注重大小、粗细、高矮、曲直的搭配。采用近大远小、高低参差、前后错落、主次分明的方法。以不等边三角形几何图形栽植。主树栽植在盆沿或左或右1/3稍前的位置，副树栽植在主树相反方向距盆沿1/3处。衬树种在两者之间往后的位置，靠向主树。多树种植排列可分组进行，以此类推，灵活掌握。要注意地貌的处理，应有起伏变化。在树与树之间的适当位置，视势可点缀些石块或摆些小件，渲染氛围。丛林式盆景喜用浅盆，土面地形起伏自然，这样更能表现出丛林的韵味，盆深无景，视同盆栽。丛林式石榴盆景不要求每树都结果，也不喜硕果累累（图3-122、图3-123）。

附石式

附石式又称树石式，是盆景创作中的一种表现手法，它以大自然的一角作为蓝本，按照作者的想象，使石树结合一体。有的植入山石缝隙中，有的植入洞穴内。或树抱石而生，或石依树而存。有的以树为主，以石为辅。有的以石为主，以树为辅。附石式石榴盆景制作多以小树附石为主，附石后用大盆或下地放养，待成型后再植入合适的盆中，经过多次反复蟠扎修剪，使树石成为一体，宛如天成。

图 3-122 《榴林春色》 高 90cm

图 3-123 《榴林尽染》 高 120cm

图 3-124 《向天歌》 高 70cm

图 3-125 《春来俏》 高 70cm

象形式

象形式盆景是以根、干、枝三位一体的象形表现形式。多以动物形象为主，在象的雏形基础上，经作者艺术加工而成。制作中突出“象”，而不力求“是”。要在像与不像中做文章。此类盆景栩栩如生有一定的轰动效果，使人浮想联翩、品味不尽（图3-124、图3-125）。

图 3-126 《龙脉相传》 作者：高其良

提根式

提根式盆景以根为主，制作时首先考虑到根的多少，分布如何。以后结合换盆，或用其他栽植手段，慢慢将根暴露出来，供人欣赏。一盆好的提根式石榴盆景，加之挂有几颗石榴，实属一景，人见人爱（图3-126、图3-127）。

图 3-127 《俱进》 高 118cm

文人树与中小型、微型盆景

随着盆景行业的不断创新与发展。盆景形式向着多元化、深层次发展。文人树作为盆景新潮，以其独特的气质已日益受到人们的关注，它的倩影也走进石榴盆景。“这种树形最容易制作，但最难成功（梁悦美语）”，文人树的精髓是内在的文人精神与外在的文人风骨相结合的表现形式。以语言表述，就是超尘脱俗、孤傲高逸。只有悟懂“孤高、简洁、淡雅、禅意（赵庆泉语）”这一实质内涵，才能制作成较高水平的文人树盆景。目前，用石榴制作的文人树盆景尚不多见，但制作成一盆高挑飘逸、挂有石榴的盆景也很惬意。

中小型、微型石榴盆景品种以观赏性石榴为主，管理较难，但只要养护得当，一盆小巧玲珑、婀娜多娇的小品也实属可爱（图3-128、图3-129）。

图 3-128　《轻歌曼舞》　高 102cm

图 3-129　《疏影》　高 55cm

以上各式石榴盆景有着其基本的共性与个性。无论哪种形式，作者必须深思熟虑，认真选材，根据其不同特点依照石榴固有的本质与属性，因势利导，研究制作。但不能机械地理解与运用，要注重年功，不急功近利。除用智慧和汗水浇灌外，还需让日月来完善。只有这样，才能培养制作出花艳果丰，人见人爱的盆景来。否则，无花无果或少花少果，又事与愿违。

冠世榴园 （来源：峄城区旅游局）

老家有喜 （摄影：马丽）

青檀“龙” （来源：峄城区旅游局）